U0370551

优雅的Ruby

CONFIDENT RUBY

[美] Avdi Grimm　著
秦凡鹏　译
张汉东　审校

華中科技大學出版社

内 容 简 介

本书总结了 32 条 Ruby 编程技巧，帮助读者写出清晰、优雅、稳定的 Ruby 代码。作者 AvdiGrimm 主张 Ruby 方法应该像故事一样易于阅读。他将 Ruby 方法分成输入处理（CollectingInput）、功能实现（PerformingWork）、输出处理（DeliveringOutput）、失败处理（HandlingFailures）四个部分，针对每个部分的特点归纳实用的编程模式，并配合丰富的实例讲解，让读者写出优雅实用的 Ruby 代码，找回 Ruby 编程的乐趣。

湖北省版权局著作权合同登记　图字：17-2016-459 号

图书在版编目(CIP)数据

优雅的 Ruby/（美）阿弗迪·格林（Avdi Grimm）著；秦凡鹏，张汉东译. —武汉：华中科技大学出版社，2017.1

ISBN 978-7-5680-2489-1

Ⅰ. ①优…　Ⅱ. ①阿…　②秦…　③张…　Ⅲ. ①计算机网络-程序设计　Ⅳ. ①TP393.09

中国版本图书馆 CIP 数据核字(2017)第 009157 号

优雅的 Ruby　　［美］Avdi Grimm　著

Youya de Ruby　　秦凡鹏　译　张汉东　审校

策划编辑：徐定翔　　责任编辑：徐定翔

责任校对：李　琴　　责任监印：周治超

出版发行：华中科技大学出版社（中国·武汉）　电话：(027)81321913

武汉市东湖新技术开发区华工科技园　邮编：430223

录　　排：华中科技大学惠友文印中心

印　　刷：湖北新华印务有限公司

开　　本：787mm×960mm　1/16

印　　张：15.5

字　　数：260 千字

版　　次：2017 年 1 月第 1 版第 1 次印刷

定　　价：64.80 元

推荐序

Foreword

在 2011 年新奥尔良的 RubyConf 上，我认识了 Avdi。我并无过人之处，不过是一个无名小辈，赶鸭子上架，做了一两个演讲而已。Jim Weirich[1] 听了其中一个演讲，当即招手叫来 Avdi，把我介绍给他。我们三人跳过部分演讲，在会场外聊得非常开心。这次聊天不但开阔了见闻，而且改变了我们的生活。 我们三个当时是那么激动，以至于我都好奇为啥没人叫我们“闭嘴”，也没被休息室的负责人“请出去”。

时至今日，回想起那段时光，我们的谈话仍萦绕耳边，仿佛依然能感受到 Jim 那极具感染力的热情和 Avdi 的诚挚。我都不敢相信这一切是真的，不相信我有那么幸运。我仿佛已羽化登仙——登上了那片只属于程序员的仙境。

我坦言在写一本名为《Practical Object-Oriented Design in Ruby》的书，Avdi 很有风度地表示愿意试读。说是“试读”，他实际上费了很多心血和精力校对。他不仅给出建议，还逐行看 Ruby 代码，纠正错误、提升代码质量。当我感谢他时，他虽很高兴，但总是谦虚地说没做什么。就这点而言，我有相当的发言权，可以负责任地告诉你，他非常友好和有耐心。

1 译注：Jim Weirich，Ruby 界大师，Rake 之父。

因此，我很荣幸推荐这本《优雅的 Ruby》。Avdi 的思想贯穿全书。他关于方法如何组织的观点为我们思考代码提供了新的视角，他的“秘籍”为我们编写代码提供了最直接、最通俗易懂的指导。

他有一种天赋，能将严谨的技术理念用独特而轻松的方式讲出来。在本书中，有银行账户，当然也有书迷们喜欢的“Bookface”。当你需要放松时，会有调皮的小猫（emergency kittens）来陪你玩。他的这种天赋让书中那些例子显得既实用合理又有趣。

写书可谓是一件苦差事，但写书的动力深深扎根在我心里。正是这种动力促使我们帮助他人，讲解知识，提升自我，改变世界。我问 Avdi 为何要写这本书，他在邮件中提到了几个原因，在此，我想分享其中的两点。他说，“讲解知识很有趣”，而且“整个社区一直以来都对我很好，我一直在想他们为什么这么好，我希望自己也可以（为社区）做点贡献”。

现在你知道了，他就是这样一个充满幽默感和责任感的人。

Avdi 写的代码可读性非常高。在这本书里，他将教你写出优雅的代码。这对开发人员来讲，真是无上的荣耀。

好好欣赏这本书吧！

Sandi Metz[2]
2014 年 3 月 28 日

---

2 译注：Sandi Metz，《Practical Object-Oriented Design in Ruby : An Agile Primer》的作者。

序

Preface

2010年1月，我在美国马里兰州巴尔的摩给满屋Ruby爱好者做了人生的第一次技术演讲，题为“优雅的代码”，主要讲我在Ruby工作中积累的一些经验。

从那以后，我就这一主题又做了多次演讲，受到了广泛的欢迎和好评。一直以来，我都想把这一主题做进一步的展开。你手上的这本书，正是这一心愿的结晶。

在本书的创作过程中，有许多人给予过帮助，以至于都不知从何说起。

首先，感谢所有当初听我演讲并鼓励我写书的朋友。我记不清都有哪些人了，但Mike Subelsky无疑是其中的第一个。

非常感谢Sandi Metz和Noel Rappin[3]阅读本书早期的手稿和充当本书的编辑。他们的建议极大地提高了本书的可读性。还有Dave Copeland，他那深刻的技术洞察力帮我阐明了不少模式。

感谢周围的Ruby同行Chuck Wood、James Gray、David Brady、Josh

3 译著：Noel Rappin，著有《Professional Ruby on Rails (Programmer to Programmer)》《Rails Test Prescriptions: Keeping Your Application Healthy》等。

Susser、Katrina Owen。你们给予我精神上的支持，并充当我的倾听者，有些人还给了我写作建议。

感谢所有阅读本书 beta 版并指出谬误 （无论大小）的朋友。如果说本书看起来还算专业，而非心不在焉的黑客写的一本笔记的话，那都是你们的功劳。以下排名不分先后：Dennis Sutch、George Hemmings、Gerry Cardinal III、Evgeni Dzhelyov、Hans Verschooten、Kevin Burleigh、Michael Demazure、Manuel Vidaurre、Richard McGain、 Michael Sevestre、Jake Goulding、Yannick Schutz、Mark Ijbema、John Ribar、Tom Close、Dragos .M、Brent Nordquist、Samnang Chhun、Dwayne R. Crooks、Thom Parkin、and Nathan Walls。我肯定遗漏了某些名字，如果你不幸就是其中一位，我在此表示深深的歉意。要知道，我对你的付出万分感激。

感谢 Ryan Biesemeyer 和 Grant Austin 捐赠的电子阅读设备，让我得以确保本书在所有平台上的阅读效果。

感谢 Benjamin Fleischer 和 Matt Swanson 把他们的项目贡献出来，做我重构的小白鼠。

最后，感谢 Stacey 一如既往的支持和鼓励。感谢 Lily、Josh、Kashti、Ebba 和 Ylva，是你们教给了我快乐的真谛。

目录

Contents

第 1 章

引言

Introduction

Ruby 就是为了让程序员快乐编程而生的。

—— 松本行弘（Matz）

这是一本关于 Ruby 的书，更是一本关于快乐编程的书。

你可能和我一样，第一次见识到 Ruby 的强大时很兴奋。对我而言，正是下面这样的代码，让我对 Ruby 一见倾心。

```
3.times do
  puts "Hello, Ruby world!"
end
```

时至今日，在我所知道的编程语言中，这仍是表达“做三次”最简洁、最直接的方式。更何况，在使用过一些所谓的面向对象语言之后，我发现只有 Ruby 真正做到了一切皆对象，甚至数字 3 都是对象。这简直让我欣喜若狂！

1.1 当 Ruby 遭遇现实 Ruby Meets the Real World

Ruby 几乎实现了程序员梦寐以求的愿望：用伪代码编程。它以一种简短、清晰、一目了然的方式编程。没有冗长乏味的模板，没有杂乱的语法，有的只是用最小的代价把业务逻辑转换为程序逻辑。

但是随着 Ruby 程序的规模增长，一切开始变味了。现实的丑陋开始显现，代码里充斥着各种异常处理和边界检查。就这样一点点地，代码开始失去原有的美感。代码里开始布满复杂的 if/then/else 嵌套逻辑和&&条件。对象不再像是接受消息的实体，而是变得像属性的收容所。一旦业务逻辑和异常处理共处，begin/rescue/end 这样的代码结构就会毫不犹豫地开始滋生。测试代码也变得越来越令人费解。

最初的兴奋不复存在了。

1.2 自信优雅的代码 Confident Code

如果你用 Ruby 写过一些较大规模的应用，或许有过这样的经历：开端完美，后期连自己都对日常开发不满。你发现项目的趣味性会随着项目规模变大、周期变长而持续下降。你或许认为这就是所有项目发展的必然规律。

接下来，我会介绍一种方法，只需勤加练习，你就可以打破这种恶性循环。这并不是一种全新的方法论；相反，它是一系列经受过时间洗礼的技巧和模式，其目标只有一个：写出优雅的代码。

本书的关注点是面向对象编程中最重要的部分：方法。我要教你像讲故事一样编写方法，并且轻松避开特定场景的陷阱以及烦人的类型检查。这种追求写出更好方法的热情，有时可以促使我们改善软件的整体设计。但是我们眼前的首要任务是写出清晰、简洁的方法。

可以讲故事的方法是什么样的呢？让我们先来看一个糟糕的故事。

1.3 好的故事，糟糕的讲述 A Good Story, Poorly Told

你是否读过《惊险岔路口》[1]这样的书呢？每一页末尾都有类似这样的描述：

徒手大战恶魔，请前往第 137 页；

尝试给恶魔讲道理，请前往第 29 页；

穿上隐形斗篷，请前往第 6 页。

你做出选择，前往指定页，故事继续上演。

你尝试过从头到尾把这样的书读完吗？如果有，那一定是一段离奇的经历。故事来回跳跃、颠三倒四，人物角色凭空出现。这一页你已经被恶魔打倒，可是下一页你才第一次进入该恶魔的领地。

如果每一页都像一团乱麻会怎样？就像下面这个样子：

如果你没有因掉进下水道而闯入大洞穴（第 59 页），那么现在你正穿过走廊，进入大洞穴。一个恶魔(如果你已经碰到了鹈鹕王后，那就会遇到一只獾）挡住你的去路。除非你在第 8 页向许愿井中投入了一枚纽扣（这样的话，它们就不会为难你），否则恶魔或獾可不会对你客气。

---

[1] 译注：《惊险岔路口》，这套“分支情节游戏书”在国外非常盛行，如今已经发展到 200 多个品种。在阅读的过程中，你会遭遇各种各样的危险，面临难以取舍的抉择和不可思议的境遇，以及随之带来的结果。详见：http://t.cn/RUp06Vb。

如果你是从第 7 章（时间池）过来的，请再读一遍本页内容，将所有发生的事情想象成发生在别人身上。

如果你已经从灯塔守卫那里得到了隐形斗篷，并且打算使用它，请前往第 67 页；否则，请忽略你读到的所有关于隐形斗篷的内容。

如果遇到恶魔（详见上文），而你选择逃跑，请前往第 84 页。

如果遇到的是獾（详见上文），而你选择逃跑，请前往第 93 页……

这样的故事不太吸引人，对吧？它的阅读负担太重，以至于你才读完一页就感到精疲力竭了。

1.4 像写故事一样写代码 Code as Narrative

这与软件开发有什么关系呢？代码也可以讲故事，尽管它可能不是那么引人入胜，但它也是故事。它是关于待解决问题，以及开发人员如何解决这个问题的故事。

一个方法就像故事中的一页。不幸的是，很多方法就像上面的故事一样令人费解、疑惑。

在本书中，你会看到不少把故事讲得很糟糕的代码。我会介绍一些技巧，以便读者写出简洁明了、易于理解的方法。

1.5 方法的四个部分 The Four Parts of a Method

我相信方法中的大多数代码都可以大致归为如下四个部分：

输入处理（collecting input）；

功能实现（performing work）；

输出处理（delivering output）；

失败处理（handling failures）；

其实还有另外两个部分：诊断（diagnostics）和清理（cleanup），但是它们不那么常见。

让我们来试着验证一下，下面是一个来自 MetricFu 项目的方法。

```
def location(item, value)
  sub_table = get_sub_table(item, value)
  if(sub_table.length==0)
    raise MetricFu::AnalysisError, "The '#{item.to_s}'
      '#{value.to_s}' does not have any rows in the analysis table"
  else
    first_row = sub_table[0]
    case item
    when :class
      MetricFu::Location.get(first_row.file_path,
first_row.class_name, nil)
    when :method
      MetricFu::Location.get(first_row.file_path,
first_row.class_name, first_row.method_name)
    when :file
      MetricFu::Location.get(first_row.file_path, nil, nil)
    else
      raise ArgumentError, "Item must be :class, :method, or :file"
    end
  end
end
```

现在先别急着考虑这个方法具体要做什么，让我们来看看能否将其拆分成上面提到的四个部分。

首先，获取输入：

```
sub_table = get_sub_table(item, value)
```

紧接着是一个处理错误的分支，若数据不存在，则抛出异常。

```
if(sub_table.length==0)
  raise MetricFu::AnalysisError, "The '#{item.to_s}'
'#{value.to_s}'does not have any rows in the analysis table”
```

如果数据存在，则直接获取输入数据：

```
else
  first_row = sub_table[0]
```

以下是该方法的核心功能：

```
when :class
  MetricFu::Location.get(first_row.file_path, first_row.class_name,
nil)
when :method
  MetricFu::Location.get(first_row.file_path, first_row.class_name,
first_row.method_name)
when :file
  MetricFu::Location.get(first_row.file_path, nil, nil)
```

接着是失败处理：

```
else
  raise ArgumentError, "Item must be :class, :method, or :file"
  end
end
```

我们来看一看该方法的拆分图（见图 1-1），图中用不同的颜色表示不同的部分。

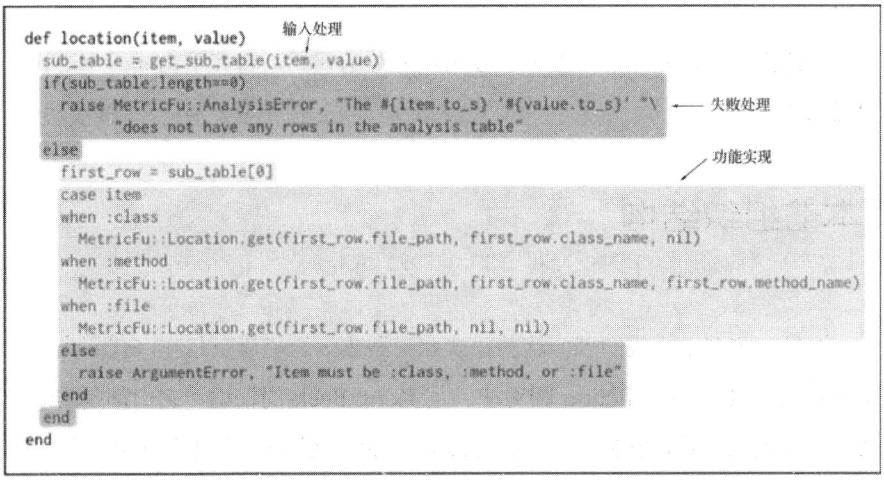

```
def location(item, value)
  sub_table = get_sub_table(item, value)
  if(sub_table.length==0)
    raise MetricFu::AnalysisError, "The #{item.to_s} '#{value.to_s}' "\
          "does not have any rows in the analysis table"
  else
    first_row = sub_table[0]
    case item
    when :class
      MetricFu::Location.get(first_row.file_path, first_row.class_name, nil)
    when :method
      MetricFu::Location.get(first_row.file_path, first_row.class_name, first_row.method_name)
    when :file
      MetricFu::Location.get(first_row.file_path, nil, nil)
    else
      raise ArgumentError, "Item must be :class, :method, or :file"
    end
  end
end
```


图 1–1 方法的拆分图

该方法没有处理输出的代码，所以图 1-1 中没有相应的标注。值得一提的是，图中最外层的 else、end 这两个分隔符也被分到了“异常处理”部分，这是因为如果没有用于处理异常的 if 代码块，外层的 else、end 就没有存在的意义。

我想说的是：按照这种方式拆分方法，就可看出它的不同部分是杂糅在一起的。先是输入处理，接着是异常处理，接着又是输入处理，然后是功能实现，等等。

这种代码不够自信，或者说不够优雅：随意把不同部分杂糅在一起，就像前面的冒险故事一样，它会给阅读代码的人增加许多不必要的负担。此外，由于功能组织混乱，这样的代码通常也难以重构和优化。

我认为擅长讲故事的方法应该由上面提到的四个部分组成，而且它们之间应该做到泾渭分明，而不是混杂在一起。但这还不够，它们的排列顺序也有要求：首先处理输入；接着实现核心功能；然后处理输出；如有需要，最后处理异常。

顺便提一句，本书后续章节会复用该方法的代码，将其重构成一个更好的“故事”。

1.6 本书组织结构 How this Book is Structured

这是一本关于模式的书。这些模式和史蒂夫·迈克康奈尔在《代码大全》中所说的 code construction 相对应。用 Kent Beck[2]的话说，它们都是实现模式。这也就意味着，它们与《设计模式》《企业级架构模式》中的模式不同，本书的这些模式大多数是轻量级的。它们并不高深，主要用于编写单个方法。比起那些重量级的模式，这些模式更像是编程惯用法或编程风格指南。

本书的宗旨是帮助读者写出一目了然的方法。全书可以分成六个部分。

首先讨论用消息和角色的思想来实现方法。

第 2 章讨论“实现功能”。虽然这看起来不符合前文提到的“方法组成顺序”，但是通过这一章的学习，你将学会思考如何设计方法，以便为后面的模式学习打下基础。

---

[2] 译注：Kent Beck，软件开发方法学的泰山北斗，是最早研究软件开发模式和重构的人之一，是敏捷开发的开创者之一，更是极限编程和测试驱动开发的创始人，同时还是 JUnit 的作者，对当今世界的软件开发影响深远。

第 3 章到第 5 章是本书最核心的模式部分，每个模式又由五个部分组成：

1. 适用场景。就像药品包装上写有适用症状，这部分内容简要地介绍了模式的适用场景，比如用来解决特定问题，或者修正编写代码的不良习惯。

2. 摘要。当你尝试回忆某个模式，但又不记得名字时，摘要能够给你莫大的帮助。

3. 基本原理，阐述为何要用这个模式。

4. 示例。借助一两个具体的例子阐述选择该模式的原因及实现方法。

5. 小结。总结模式的优点、潜在的陷阱和不足。

根据我提出的组成方法的原则，这些模式被分为以下三大系列。

- 输入处理的模式。
- 输出处理的模式，让方法调用者优雅地调用方法。
- 异常处理模式，保障方法井然有序。

第 6 章将讨论一些实际的 Ruby 开源项目示例，并把本书中的模式应用到它们身上。

```
3.times { rejoice! }
```

总之，学习这套模式可以让你写出优雅的代码：易于理解和维护、更少的 bug、更灵活地适应需求变化。

除了帮助读者掌握写出优雅代码的技巧，我更希望帮助读者重拾初学

Ruby 的那份快乐，找回写代码写到不经意微笑的状态，养成快乐编程的习惯。这些收获可以让你为获得更大的快乐而尝试更大的项目，这种快乐就如同初识 Ruby 时的兴奋一样。

感觉不错？那就开始吧。

第2章 功能实现

Introduction

在引言部分，我们说到方法由下述四个部分组成。

输入处理；

功能实现；

输出处理；

异常处理。

接着我又强调：如果方法要很好地讲故事，各部分还得按照以上顺序进行组织。

因此，你可能会问，既然“功能实现”排在第二位，为什么要先从它开始讲呢？

那是因为方法的最终目标就是“功能实现”。如果某些代码没有实现任何功能，它根本就不该存在，不是吗？

所以在谈输入处理、输出处理以及异常处理之前，我想改变你对方法功能的看法。我会提供一个分析方法职责的框架，让你关注方法的目标，而非它附属的环境。

与后续章节不同，本章不涉及模式。因为功能代码的组织结构是由方法的职责决定的，而只有你自己知道方法的职责是什么（所以就没有功能代码的模式）。但我会分享一种有关方法设计的模式，帮助你从错综复杂的上下文环境中提炼出方法核心逻辑。

一切从发送消息开始。

2.1 发送有效的消息 Sending a Strong Message

面向对象的基础就是“消息”。

—— Sandi Metz，《面向对象设计实践指南：Ruby 语言描述》作者

面向对象的基本特性除了类、继承、封装，还包括发送消息。对象之间的每一次交互都可以看成一系列的消息发送。因此，面向对象开发人员要做的就是决定发送什么消息，什么时候发送，以及谁负责响应。

实现方法时，我们就像一个发号施令的海军舰长。当与训练有素的船员共事时，舰长是不会在琐事上浪费时间的，比如检查下属是否称职，问他们是否理解命令，或者告诉他们具体怎么做。舰长通常只是下达命令，相信命令会被执行，然后就放心地走开了。正是这种信任，把他从日常琐事中解放出来，让他可以更好地掌控全局，完成使命。

编写可维护的代码也一样：一次只做一件事，让代码处在同一个抽象层次上。船长下达命令“全速前进”时，不会考虑油压和传动装置等细节。要想成

为一位头脑清醒的代码“指挥官”，你需要充分信任“命令”的接收者（消息的接收对象），相信它们能够理解和响应你的“命令”。

这种信任必须以下面三个条件为基础。

1. 确定完成任务所需发送的消息。

2. 确定响应这些消息的角色（接收对象）。

3. 确保消息得到恰当的响应。

如果你觉得这些太抽象了，没关系，下面来看一些具体的例子。

2.2 导入交易记录 Importing Purchase Records

假设有这样一个新系统，买家通过它购买不同格式的电子书。在以前的系统中，电子书交易记录是由旧的购物车系统处理的。这就导致有大量遗留数据需要导入新系统。交易记录数据格式如下：

```
name,email,product_id,date
Crow T. Robot,crow@example.org,123,2012-06-18
Tom Servo,tom@example.org,456,2011-09-05
Crow T. Robot,crow@example.org,456,2012-06-25
```

我们的任务是实现一个方法，将老系统中的 CSV 数据导入新系统里，暂且将其命名为#import_legacy_purchase_data。下面是实现步骤：

1. 从内置的 I/O 对象中解析出 CSV 购买记录。

2. 对于每一条记录，通过邮件地址找出对应买家，如果买家不存在，就新建一个。

3. 使用记录中的产品 ID 找出（或新建）对应的产品。

4. 把得到的产品加入买家购物列表中。

5. 通知买家新的交易记录下载地址，并更新他们的账户信息。

6. 将导入成功的记录写进日志中。

2.3 识别消息 Identifying the Messages

既然已经清楚方法要做什么，我们看一下能否“确定需要发送的消息”（第一个条件）。下面来重写上述步骤，看看能否提取出消息。

- #parse_legacy_purchase_records.
- For #each purchase record, use the record's #email_address to #get_customer.
- Use the record's #product_id to #get_product.
- #add_purchased_product to the customer record.
- #notify_of_files_available for the purchased product.
- #log_successful_import of the purchase record.

前面找出的买家、产品等细节，就这里的抽象层次而言，可以放心地隐藏起来，分别用#get_customer 和#get_product 代替。

2.4 识别角色 Identifying the Roles

我们已经识别出了一些消息，下面来识别响应它们的“角色”。什么是角色？Rebecca Wirfs-Brock[3]认为，它是“相关职责的集合”。如果一条消息代

[3]《Object Design》的作者之一。

表一个职责，那么角色则聚合了能被同一对象处理的多个职责。然而，角色和类并不是同一个概念：多个对象可能扮演同一种角色，有时一个对象也可能扮演多种角色。

表 2.1 消息与角色

消 息	角 色
#parse_legacy_purchase_records	legacy_data_parser
#each	purchase_list
#email_address, #product_id	purchase_record
#get_customer	customer_list
#get_product	product_inventory
#add_purchased_product	customer
#notify_of_Wles_available	customer
#log_successful_import	data_importer

角色 legacy_data_parser 和消息#parse_legacy_purchase_records 在命名上有一些冗余（见表 2.1）。既然已知接收消息的角色是 legacy_data_parser，不妨把消息名简化为#parse_purchase_records。

最后那个角色 data_importer 和当前 import_legacy_purchase_data 方法所属对象（目前还未现身）的职能是相同的。换句话说，我们已经找到了另一个发给当前对象的消息 log_successful_import。

有了角色列表，我们再来重写方法步骤：

- `legacy_data_parser.parse_purchase_records.`

- For purchase_list.each purchase_record, use purchase_record.email_address to customer_list.get_customer.
- Use the purchase_record.product_id to product_inventory.get_product.
- customer.add_purchased_product.
- customer.notify_of_files_available for the product.
- self.log_successful_import of the purchase_record.

看起来有点像样了，索性一鼓作气写完。

```
def import_legacy_purchase_data(data)
  purchase_list = legacy_data_parser.parse_purchase_records(data)
  purchase_list.each do |purchase_record|
    customer = customer_list.get_customer(purchase_record.
             email_address)
    product  = product_inventory.get_product(purchase_record.
             product_id)
    customer.add_purchased_product(product)
    customer.notify_of_files_available(product)
    log_successful_import(purchase_record)
  end
end
```

可能有点冗长，但是我相信大部分读者会认可这是一个逻辑清晰的方法。

2.5 避免马盖先主义[4]
Avoiding the MacGyver Method

前文所讲的是一种正式的，甚至是程序化的方法定义流程。即便如此，你或许还是留意到这里少了点什么。我们从未提起过系统已有的类或方法；我们也不曾讨论过数据持久化策略（如是否使用 ORM 框架，如果使用，访问数据的约定是什么）；我们甚至没有提到当前方法是在哪个类中定义的，以及这个类有哪些其他已有方法和属性。

这种缺失是有意为之的。实现一个方法时，对现有对象了解过多，通常会阻碍对方法业务逻辑的分析。如此一来，就和马盖先一样，整个故事的焦点变成如何巧用手边的工具（总是从已有的东西出发，以至于过度依赖它），而非最初设定的目标。

2.6 让语言为系统服务
Letting Language be Constrained by the System

我并不推荐你写任何方法都遵循这种正规流程，但认清领域对象建模的本质还是很重要的。

1. 尽可能地站在领域知识的角度，找出要发送的消息。

2. 找出能恰当响应所发消息的角色。

3. 尽可能将上述角色和已有对象关联起来。

事实上，不管有没有意识到，每次实现方法我们都经历了上述过程。如果没有意识到，很可能是找出的角色和已有的类恰好符合，这样的话，我们识别

---

[4] 译者注：MacGyver，马盖先，美国枪战动作片《百战天龙》的主人公。由于他擅长利用身边任何不起眼的物品作为工具，来帮助自己和拍档摆脱困境，敌人发现他是一个难以应付的人，常常是一把小刀走天下。他还有一套特立独行的“马盖先主义”论调。

出的领域语言很可能受到了类中已有方法的影响。

如果我们足够幸运，可能有现成类完美地符合角色的要求，这时写出的方法就和前面的例子差不多。更普遍的情况却是，方法条理凌乱不堪。比如代码抽象层级不协调，把底层的数据操作硬生生拼接到上层的领域语言中：

```
CSV.new(data, headers: true, converters: [:date]).each do
|purchase_record |
  # ...
  customer.add_purchased_product(product)
  # ...
end
```

或者，代码中充斥着各种对象可用性检查：

```
@logger && @logger.info  "Imported purchase ID #{purchase_record.id}"
```

2.7 像鸭子一样叫 Talk Like a Duck

如果你有过编写 Ruby 代码的经验，那么这些有关“角色”的讨论可能听起来比较耳熟。角色指的就是“鸭子类型”，鸭子类型的接口从不和特定的类绑定在一起，而是位于任意可以响应相关职责的对象中。尽管“鸭子类型”在 Ruby 编程中很流行，但有两种常见的错误还是值得注意。

第一，未花时间去确定真正需要的鸭子类型。这也是为什么到目前为止，我们投入这么多精力在识别消息和角色上：当发送的消息和问题领域语言不匹配时，拥抱“鸭子类型”的意义不大。

第二，过早放弃。不认为像鸭子一样叫的就是鸭子，而是反过来依赖类型检测。检测一个对象是不是“鸭子类型”（objectis_a?（Duck）），检测它们是否能叫（respond_to?（:quack）），以及时常地检测变量是否为 nil 等。

后一种错误有一定的隐蔽性。毫无疑问：NilClass 也是一个普通类型，用于检测一个对象是否为 nil。即使是隐式的，如 duck&&duck.quack 或 Rails 风格的 duck.try（:quack），也是一种类型检测，和显式地检测一个对象类型是否是 NilClass 类型并无区别。

有时 switch 风格的类型检测也不那么明显。当大量的 if 或 case 语句检测作用于对象的同一属性时，臭名昭著的 Switch Statements 便粉墨登场了。这意味着一个对象同时承担了太多职责。

无论采用哪种形式，switch 之类的语句都杂糅了太多方法逻辑，使得程序更难测试，使得对象类型“绑架”了程序逻辑。身为自信优雅的开发人员，我们只要让“鸭子”叫，然后就可以放心地走开。这意味着首先得找出所需的消息和角色，然后确保只有那些真正会叫的“鸭子”才能进入我们的方法逻辑。

2.8 驯养鸭群 Herding Ducks

有关“发送自信的消息”的探讨会贯穿本书后续章节。但正如之前多次提到的：输入的处理方式在某种程度上会影响方法的条理性和连贯性。因此在第 3 章，我们将深入探讨输入参数的收集、验证、适配，这样才会有一群听话、可信赖的鸭子为我们所用。

第 3 章

收集输入

Collecting Input

3.1 输入处理概述

Introduction to Collecting Input

有些方法没有参数，这样的方法功能通常有限。下面的方法仅返回一天的秒数。

```
def seconds_in_day
  24 * 60 * 60
end
```

该方法也可简单地替换成常量：

```
SECONDS_IN_DAY = 24 * 60 * 60
```

大部分方法都会接收某种形式的输入，有些输入比较明显，比如参数输入：

```
def seconds_in_days(num_days)
  num_days * 24 * 60 * 60
end
```

输入也可以是类（class）或模块（module）中的常量。

```
class TimeCalc
  SECONDS_IN_DAY = 24 * 60 * 60

  def seconds_in_days(num_days)
    num_days * SECONDS_IN_DAY
  end
end
```

或者是同类中的其他方法。

```
class TimeCalc
  def seconds_in_week
    seconds_in_days(7)
  end

  def seconds_in_days(num_days)
    num_days * SECONDS_IN_DAY
  end
end
```

又或是实例变量。

```
class TimeCalc
  def initialize
```

```
    @start_date = Time.now
  end

  def time_n_days_from_now(num_days)
    @start_date + num_days * 24 * 60 * 60
  end
end

TimeCalc.new.time_n_days_from_now(2)
# => 2013-06-26 01:42:37 -0400
```

上面的示例还暗含了另一种形式的输入，发现了吗？

initialize 方法引用了 Time 常量，而 Time 又是 Ruby 的一个核心类。通常我们并不把类名看成输入，但是在 Ruby 中，我们可以把它看成与其他形式的输入一样。因为在 Ruby 中，类本身也是一种对象，而类名只是一个普通常量，只是该常量恰好引用了一个类而已。Time 类的信息都是来自于方法外部，所以它也是输入。

3.1.1 间接输入 Indirect Inputs

到目前为止，我们见过了直接把值本身作为输入的方式，我把这种输入称为“简单输入”或“直接输入”。但 Time.now 却是一个间接输入。首先我们引用了 Time 类，然后把#now 消息发送给 Time。我们想要的其实是方法 now 的返回值，而不是 Time 常量本身。任何时候为了得到方法返回值，而向其他对象发送消息，其实就在使用间接输入。

间接输入层次越深，代码的耦合度就越高。当关联代码结构发生改变时，方法更有可能需要跟着改变。这其实就是众所周知的迪米特法则[5]。

输入也可来自外部系统。下面的方法用于格式化输出当前时间，而时间输出格式又会受到系统环境变量 TIME_FORMAT 这个外界因数的影响。

```
def format_time
  format = ENV.fetch('TIME_FORMAT') { '%D %r' }
  Time.now.strftime(format)
end

format_time  # => "06/24/13 01:59:12 AM"

# ISO8601
ENV['TIME_FORMAT'] = '%FT%T%:z'
format_time  # => “2013-06-24T01:59:12-04:00"
```

因获取 time format 需要如下步骤，所以它也是一个间接输入：

1. 利用常量 ENV 来得到 Ruby 环境变量对象。
2. 向该环境变量对象发送#fetch 消息。

另一个常见的输入源是 I/O，比如文件读取。下面这个版本的 time_format 方法不再依赖环境变量，而是优先从 YAML 配置文件中获取时间输出格式。

```
require 'yaml'

def format_time
  prefs = YAML.load_file('time-prefs.yml')
  format = prefs.fetch('format') { '%D %r' }
```

[5]迪米特法则（Law of Demeter，LoD）又称最少知道原则（Least Knowledge Principle，LKP），也就是说，一个对象应当对其他对象有尽可能少的了解，不和陌生人说话。

```
  Time.now.strftime(format)
end

IO.write('time-prefs.yml', <<EOF)
---
format: "%A, %B %-d at %-I:%M %p"
EOF
format_time # => "Monday, June 24 at 2:07 AM
```

再来看一个复杂一点的例子。下面的方法先从环境变量中获取当前用户，然后根据当前用户来加载配置文件。

```
require 'yaml'

def format_time
  user = ENV['USER']
  prefs = YAML.load_file("/home/#{user}/time-prefs.yml")
  format = prefs.fetch('format') { '%D %r' }
  Time.now.strftime(format)
end
```

在此示例中，两个“间接输入”协同工作去得到最终值，而其中的一个“间接输入”的值只是为了获取另外一个“间接输入”的值。这通常都是软件中 bug 的源头之一。

这也体现了一种实现方法的惯用法：用一段专门的代码来处理输入。format_time，顾名思义就是用于格式化时间的。不过这一目标在方法第四行才完成，前三行代码都是用来处理输入的，为格式化时间作铺垫。下面通过增加空行来增强这种层次感：

```
require 'yaml'

def format_time
  user = ENV['USER']
  prefs = YAML.load_file("/home/#{user}/time-prefs.yml")
  format = prefs.fetch('format') { '%D %r' }

  Time.now.strftime(format)
end
```

“输入处理”和“功能实现”并非总是难以区分的，但不管是否把方法划分成不同的职责块（空行隔开的代码块），花时间斟酌方法输入都是值得的，因为这对于统一代码风格，提高代码清晰度、健壮性来说，往往是事半功倍。

3.1.2 从角色到对象 From Roles to Objects

要说明这一点，还得回到第 2 章提到的“识别方法所需的角色”，当时我们知道了通过角色驱动可以写出清晰、易懂的方法。

当我们在思考如何为方法准备输入的时候，其实是在思考如何把可用的输入和方法所需的角色关联起来。输入处理，不仅是要找到合适的输入，更重要的是弄明白方法可以兼容多少输入类别，以及是否需要调整方法逻辑来适应输入形式，或者是否需要调整输入形式来适应方法逻辑。

下面将仔细探讨如何将已有对象映射到所需角色上。一旦确定了方法输入，就得考虑如何获得这些输入。下面提供几种策略用于帮助方法找到合适的输入。

这些策略可以分为以下三大类。

1. 强制对象承担我们期望的角色。

2. 排除不能胜任角色的对象。

3. 用无副作用对象替换非法输入。

3.1.3 保护边界而非内部
Guard the Borders, not the Hinterlands

这部分的许多技术有点像防御性编程。比如对输入进行判定，将输入转换为其他类型，甚至是根据输入类型来调整代码逻辑（switching code paths）。你可能好奇，是否大部分方法都需要这种偏执的做法呢？不一定。

如果每个方法都采用防御性编程，就画蛇添足了：不仅浪费精力，还会使代码难以维护。本节所提到的技术最适合用在方法入口处，就像边境的海关检查站一样，边界代码（入口处代码）要承担审查其输入合法性的责任，以确保进入方法的输入都是合法的。

那么边界是什么呢？这得看情况：对于可重用的库，公共 API 就清晰地划定了边界；而在大型程序或应用代码里，还可能有内部边界。Rebecca Wirfs-Brock 和 Alan McKean 在他们的书《Object Design》中谈到了“对象社区”，这些“对象社区”组合形成独立的子系统。通常，通过“联系人”对象，“社区”成员就能和其他“社区”成员沟通交流了。这些纽带对象（“interfacer” objects）的公共方法便是防御代码的天然港湾。一旦对象通过边界检查，就可让其在整个“社区”内通行无阻。

好了，理论差不多了，下面开启实践之旅吧。

3.2 使用内置的类型转换协议 Use Built-in Conversion Protocols

3.2.1 适用场景 Indications

你期望方法的输入为某种特定的原生类型，比如 Integer。

3.2.2 摘要 Synopsis

使用 Ruby 内置的类型转换协议，如#to_str、#to_i、#to_path、#to_ary。

3.2.3 基本原理 Rationale

只需多敲几个字符（如#to_i），就能确保得到的输入都是预期的类型，同时还能提供更大的输入类型灵活性。

3.2.4 示例：宣布获奖结果 Example: Announcing Winners

假设有一个数组形式的获奖名单，按名次排序，代码如下。

```
winners = [
  "Homestar",
  "King of Town",
  "Marzipan",
  "Strongbad"
]
```

同时也有一个奖项对象列表：其中每个对象都封装了获奖者在获奖名单数组中的下标、奖项名次、所获奖品。

```
Place = Struct.new(:index, :name, :prize)

first = Place.new(0, "first", "Peasant's Quest game")
second = Place.new(1, "second", "Limozeen Album")
third = Place.new(2, "third", "Butter-da")
```

我们可以用一个循环来宣布获奖结果。

```
[first, second, third].each do |place|
  puts "In #{place.name} place, #{winners[place.index]}!"
  puts "You win: #{place.prize}!"
end
# >> In first place, Homestar!
# >> You win: Peasant's Quest game!
# >> In second place, King of Town!
# >> You win: Limozeen Album!
# >> In third place, Marzipan!
# >> You win: Butter-da!

# >> 一等奖得主是: Homestar，您获得了Peasant's Quest game!
# >> 二等奖得主是: King of Town，您获得了Limozeen Album!
# >> 三等奖得主是: Marzipan，您获得了Butter-da!
```

在上面的循环中，我们使用 winners[place.index]来从获奖者数组中找出得主。这本没什么问题，但是，既然 Place 只是带有附加信息（metadata）的下标，为何不直接把 Place 对象自身当成数组下标来用呢？不幸的是，这样做行不通。

```
winners[second] # =>
# ~> -:14:in `[]': can't convert Place into Integer (TypeError)
# ~> from -:14:in `<main>'
```

但事实证明，这是可以做到的。为了达成目标，我们只需要在 Place 上定义#to_int 方法即可，代码如下：

```
Place = Struct.new(:index, :name, :prize) do
  def to_int
    index
  end
end
```

一旦加了上述方法，就可以直接把 Place 对象当成数组下标来使用了。

```
winners[first]  # => "Homestar"
winners[second] # => "King of Town"
winners[third]  # => "Marzipan"
```

之所以能这样用，是因为 Ruby 会自动地在数组下标参数上调用#to_int 方法，以便将其转换为 integer。

3.2.5 示例：Emacs 配置文件 Example: ConfigFile

再来看另一个例子。

由 Ruby 标准库的文档得知：File.open 会接收一个 filename 参数。虽没明说，但可认为该参数其实被期望为 String 类型。这是因为 fopen()的底层实际需要的是一个字符串指针（本质上说，是一个字符串指针）。

如果传给 fopen()的参数不是一个字符串形式的文件名，但可被转化为文件名，会怎么样？

```
class EmacsConfigFile
 def initialize
   @filename = "#{ENV['HOME']}/.emacs"
 end

  def to_path
   @filename
  end
end

emacs_config = EmacsConfigFile.new

File.open(emacs_config).lines.count # => 5
```

令人惊奇的是，这段代码居然可以工作，为什么会这样呢？

这是因为，EmacsConfig 类定义了转换方法#to_path，而 File#open 又会在参数对象上调用#to_path 方法，以便得到文件名字符串。这样一来，这个非字符串对象也能工作得很好。

这倒是一件好事，因为 Ruby 标准库中还有另外一个非字符串类能够很好地表示文件名。

```
require 'pathname'

config_path = Pathname("~/.emacs").expand_path
File.open(config_path).lines.count # => 5
```

Pathname 不是 String，但 File#open 并不在乎，这是因为只需在 Pathname 对象上调用#to_path 方法，就可以将其转换为文件名字符串。

3.2.6 标准类型转换方法列表 A List of Standard Conversion Methods

Ruby 核心库和标准库都大量地使用了标准类型转换方法，比如#to_str、#to_int、#to_path，并且收效甚好。类型转换方法清晰地表明了方法的参数要求。如此一来，标准库里的方法就可以与任何能响应这些方法的对象进行交互了。

这里有个标准类型转换方法列表（见表 3.1），多用于 Ruby 核心库中。注意，其中一些方法在某些条件下会被 Ruby 核心代码调用，但是 Ruby 核心类并没有实现这些方法，正如前文演示的#to_path 一样，这给客户端代码带来了很大的便利。

表 3.1 标准类型转换方法列表

方法	目标类型	转换形式	备注
#to_a	Array	显式	
#to_ary	Array	隐式	
#to_c	Complex	显式	
#to_enum	Enumerator	显式	
#to_h	Hash	显式	Ruby 2.0 开始引入
#to_hash	Hash	隐式	
#to_i	Integer	显式	
#to_int	Integer	隐式	

续表

方法	目标类型	转换形式	备注
#to_io	IO	隐式	
#to_open	IO	隐式	在 IO.open 中会被用到
#to_path	String	隐式	
#to_proc	Proc	隐式	
#to_r	Rational	显式	
#to_regexp	Regexp	隐式	在 Regexp.try_convert 中会被用到
#to_s	String	显式	
#to_str	String	隐式	
#to_sym	Symbol	隐式	

3.2.7 显式转换和隐式转换
Explicit and Implicit Conversions

你可能会对表 3.1 中“转换形式”一栏充满好奇，上述方法的转换形式要么是显式，要么是隐式。下面来看看这到底是什么意思。

#to_s 就是一个显式类型转换方法。显式转换一般用于这样的情形：源类型和目标类型很大程度上不相关或毫无关联。

与之对应，#to_str 则是一个隐式类型转换方法。隐式类型转换适用于源类型和目标类型很相近的情形。

显式和隐式这两个术语来源于 Ruby 调用转换方法的形式。有些情况下，Ruby 会隐式地在参数对象上调用类似#to_str 或#to_ary 这样的方法，以便得到预期的参数类型；还有些情况下，则需我们自己显式调用#to_s、#to_a 这样的方法，因为Ruby不会自动调用它们。

下面的例子可以说明二者的区别。Time 对象并非 String，有太多种方式可以将 Time 表示成 String 了。另外，这两种类型还是不相关的，因此 Time 只预定义了显式的类型转换方法#to_s，而没有定义隐式版的#to_str。

```
now = Time.now
now.respond_to?(:to_s) # => true
now.to_s # => "2013-06-26 18:42:19 -0400"
now.respond_to?(:to_str) # => false
```

Ruby 可以使用 String 的+连接符将多个字符串拼接成一个新字符串。

```
"hello, " + "world" # => "hello, world"
```

但是，当试图用+把 Time 对象拼接到字符串上时，我们得到了如下错误：

```
"the time is now: " + Time.now # =>
# ~> -:1:in `+': can't convert Time into String (TypeError)
# ~> from -:1:in `<main>'
```

Ruby做类型检测了吗？并非如此。别忘了，Ruby是一门动态类型语言。实际上，String#+方法是通过调用#to_str 方法的方式来检测参数是不是类字符串（string-ish）的，并且使用的是参数转换后的值；若参数不知道如何响应#to_str 方法，便会抛出上述 TypeError 错误。

事实证明，String 类是支持#to_str 方法的。实际上，String 也是 Ruby 核心类中唯一支持#to_str 的。那 String 的#to_str 有何用呢？不出所料，它简单地返回字符串内容本身。

```
"I am a String".to_str        # => "I am a String"
```

如果#to_str 所做的一切就是返回字符串自身，那么它看起来意义不大。#to_str 存在的意义就在于：许多 Ruby 核心库方法都期望得到字符串输入，它们隐式地在输入对象上调用#to_str 方法（这正是“隐式类型转换”这个术语的来源）。这意味着，假如我们定义自己的类字符串对象，我们将有办法让 Ruby 的核心类接受它们，并把它们转换为真正的字符串。

假设有一个 ArticleTitle 类，它基本上就是带有一些辅助方法的 String 类。因此，让它支持#to_str 比较合理。既已到此，也就顺便定义了#to_s（稍后还会详细讨论）。

```
class ArticleTitle
  def initialize(text)
    @text = text
  End

  def slug
    @text.strip.tr_s("^A-Za-z0-9","-").downcase
  end

  def to_str
    @text
  end

  def to_s
    to_str
  end
```

```
  # ... more convenience methods...
end
```

和前面 Time 的情况不同，当我们用 String 的+方法连接 ArticleTitle 对象时，这是可以工作的。

```
title = ArticleTitle.new("A Modest Proposal")
"Today's Feature: " + title
# => "Today's Feature: A Modest Proposal”
```

这是因为我们在 ArticleTitle 中实现了#to_str 方法，它会暗示 Ruby：ArticleTitle 对象是一个“类字符串”对象，可以放心将其转换为字符串。

显式类型转换方法（如#to_s）就是另外一回事了。由于 Ruby 中的每一个类都实现了#to_s 方法，所以，如果愿意，我们总是可以查看任何对象的文本展示（textual representation），包括那些明显与字符串不相关的类，比如前文所说的 Time。

之所以有“显式类型转换”的说法，是因为 Ruby 核心类从来不会像调用#to_str 一样隐式调用它们，显式类型转换方法是为开发人员准备的。一旦你想将某个对象转换成另外一种类型（即使这两种类型是完全不相关的），就可以显式地调用这些显式类型转换方法。比如将 Time 转换为 String，将 String 转为 Integer 对象，将 Hash 转换成 Array 对象。

```
Time.now.to_s           # => "2013-06-26 19:09:15 -0400"
"1 ton tomato".to_i      # => 1
{x: 23, y: 32}.to_a      # => [[:x, 23], [:y, 32]]
```

你可能还记得我说过 Ruby 核心类从来不会自动调用显式类型转换方法，

但仍有例外，有一种情况下，Ruby 语言却会自动调用显式类型转换方法。

你可能熟悉下面的用法：当时使用字符串插值时，Ruby 会自动地调用显式类型转换方法#to_s，从而将任何对象转换为字符串。

```
"the time is now: #{Time.now}"
# => "the time is now: 2013-06-26 20:15:45 -0400"
```

这可能与常见的“隐式/显式”规则不一致，但却很合理。字符串插值如果仅允许“别的字符串”而非任意对象插入，就没那么方便了。

3.2.8 明确提出参数要求 If You Know What You Want, Ask for It

正如 Ruby 核心类利用#to_str 等类型转换方法来获得期望的输入一样，我们也可以这样做。无论何时，只要方法的输入类型是某个 Ruby 原生类（比如 String、Integer、Hash），我们都该考虑利用相应的类型转换方法让这种假设更明显。如果需要 Integer，那就用#to_i 或#to_int!；如果需要 String，那就用#to_s 或#to_str!；Ruby 2.0 发布后，如果需要 Hash，还可以用#to_h!

显式和隐式类型转发方法同时存在时，该使用哪一个呢？如果只关心得到预期输入类型而不深究其源类型，则可使用显式类型转换方法。

```
PHONE_EXTENSIONS =["Operator", "Sales", "Customer Service"]

def dial_extension(dialed_number)
  dialed_number = dialed_number.to_i
  extension = PHONE_EXTENSIONS[dialed_number]
  puts "Please hold while you are connected to #{extension}"
end
```

```
nil.to_i # => 0
dial_extension(nil)
# >> Please hold while you are connected to Operator
```

某些情况下，如果方法参数不符合预期类型或与预期不接近，就会为程序带来隐患，这时最好选用隐式类型转换。

```
def set_centrifuge_speed(new_rpm)
 new_rpm = new_rpm.to_int
 puts "Adjusting centrifuge to #{new_rpm} RPM"
end

bad_input = nil
set_centrifuge_speed(bad_input)
# ~> -:2:in `set_centrifuge_speed':
# ~> undefined method `to_int' for nil:NilClass (NoMethodError)
# ~> from -:7:in `<main>'
```

这里的隐式类型转换方法起到了“门卫”作用：用以确保方法接收到的参数要么是 Integer，要么可以很好地被转换成 Integer。当参数不满足条件时，NoMethodError 清楚地告诉了代码调用者调用非法。

值得注意的是，显式、隐式的类型转换方法均已被目标类实现。所以，即使一个参数已是目标类型的对象，转换方法也照样可以工作。

```
23.to_int       # => 23
"foo".to_str    # => "foo"
[1,2,3].to_a    # => [1, 2, 3]
```

隐式类型转换方法比显式的要严格一点，但是两者都比笨拙的类型检查要灵活得多。调用者再也不必传入特定类型的对象，而只需传入能转换成期望类型的参数就行。一旦得知转换后的对象完全满足预期要求，方法就可以放心地使用参数了。

3.2.9 小结 Conclusion

如果一个方法期望得到某个特定类型的输入（比如 Integer），则可使用 Ruby 的标准类型转换方法，以确保得到的输入都能满足预期。如果想让输入具有最大的灵活性，则可使用显式类型转换方法，如#to_i；如果不想提供太大的灵活性，同时阻止调用者误用方法，则可使用隐式类型转换方法，如#to_int。

3.3 有条件地使用类型转换方法 Conditionally Call Conversion Methods

3.3.1 使用场景 Indications

想利用类型转换协议来支持输入类型多样化，但又不想强制所有输入都支持这些协议。比如你在实现一个处理文件名的方法，想支持那些“不是文件名”但又可被转换成文件名的输入。

3.3.2 摘要 Synopsis

只在支持（特定）类型转换方法时，才调用转换方法。

3.3.3 基本原理 Rationale

有条件地使用类型转换协议，从而增强输入的灵活性。

3.3.4 示例：打开文件 Example: Opening Files

在第3.2节我们提到File.open会在输入对象上调用#to_path方法。但是，String并不支持#to_path方法，却也是File.open的合法参数。

```
"/home/avdi/.gitconfig".respond_to?(:to_path)  # => false
File.open("/home/avdi/.gitconfig")
# => #<File:/home/avdi/.gitconfig>
```

这是为什么呢？下面来看一下源码，该代码来自于标准 Ruby 版（MRI Ruby）中的 file.c:

```
CONST_ID(to_path, "to_path");
tmp = rb_check_funcall(obj, to_path, 0, 0);
if (tmp == Qundef) {
    tmp = obj;
}
StringValue(tmp);
```

实际上，这段代码指的是：检查传进来的对象是否支持#to_path 方法，如果支持，则使用#to_path 的返回值；否则，就直接使用对象本身。最后，无论哪种情况都使用#to_str 来确保最终结果是字符串。

等价的 Ruby 代码如下：

```
if filename.respond_to?(:to_path)
  filename = filename.to_path
end
unless filename.is_a?(String)
  filename = filename.to_str
end
```

有条件地使用类型转换方法，可以很好地为客户端代码提供灵活性，如此一来，方法既可以接收预期类型的对象，也可以接收那些支持特定转换方法的对象。第一种情况并不强求预期类型对象支持这些类型转换方法。因此你可放心地去使用类似#to_path 这种类型转换方法。当然，为了方便客户端代码利用这种灵活性，这些可能发生的转换操作应该在类和(或)方法的文档中注明。

当自定义类型转换方法时（详见第 3.4 节），这就显得特别有用。

3.3.5 违反鸭子类型的唯一特例

Violating Duck Typing, Just this Once

等等，不是说#respond_to?也违反了鸭子类型原则吗？怎么又来一个特例？

为了消除顾虑，下面自定义了一个 File.open wrapper，用于在打开文件前做些准备工作。

```
def my_open(filename)
  filename.strip!
  filename.gsub!(/^~/,ENV['HOME'])
  File.open(filename)
end

my_open(" ~/.gitconfig ") # => #<File:/home/avdi/.gitconfig>
```

假设我们想在真正方法调用之前，确保方法参数是合法的。下面来看一下有哪些措施可以做到。

可以做显式类型检查：

```
def my_open(filename)
  raise TypeError unless filename.is_a?(String)
  # ...
end
```

这种方式是多么的不明智，无须多做解释。它给输入类型加上了粗鲁的，同时也是不必要的限制。

也可逐一对需要用到的方法进行支持性检查，代码如下：

```
def my_open(filename)
  unless %w[strip! gsub!].all?{|m| filename.respond_to?(m)}
    raise TypeError, "Protocol not supported"
  end
  # ...
end
```

这次虽然没有粗鲁的类型限制，但从某种意义上说情况更糟。这种方法可用性检查从一开始就很脆弱，因为需要让受检方法和实际用到的方法保持同步，并且 Pathname 类型的参数还是没有得到支持。

可以使用#to_str，代码如下：

```
def my_open(filename)
  filename = filename.to_str
  # ...
end
```

Pathname 只定义了#to_path，并没定义#to_str，所以还是不支持 Pathname 参数。

还可以使用#to_s，代码如下：

```
def my_open(filename)
  filename = filename.to_s
  # ...
end
```

现在，虽然同时支持 String 和 Pathname，但是也可能放进非法输入，比如 nil。

还可以先打开 String，追加#to_path，然后在所有输入上调用#to_path，代码如下：

```
class String
  def to_path
    self
  end
end

def my_open(filename)
  filename = filename.to_path
  # ...
end
```

这样做，事情很快就会失去控制：Ruby 核心类将充斥着各种用于类型转换的“猴子补丁”，这让人想起来都不舒服。

最后，学习 File.open 的做法：先有条件地使用#to_path，随后紧跟#to_str。

```
def my_open(filename)
  filename = filename.to_path if filename.respond_to?(:to_path)
  filename = filename.to_str
  # ...
end
```

在前面提到的所有备选方案中，这个是最灵活的。现在的 my_open 可以接收 String、Pathname，或任何定义了#to_path 方法从而可以被转换成文件名字符串的对象。但是那些误入的对象（比如 nil、Hash），将会被及时拒之门外。

对于#respond_to?，这是一种巧妙而重要的使用方式，它不同于普通的类型检查：并不是问“你是我需要的这种对象吗？”而是问“你能给我想要的对象吗？”这样看来，这是一种很有用的折中方式：输入被检测了，但用的是可以扩展的方式。

3.3.6 小结 Conclusion

有时候，我们希望方法既能接收原生类型（如 String），又能接收可被转换成预期类型的自定义类。仅在参数支持类型转换方法（如#to_path）时才调用转换方法，正好为方法调用者提供了这种灵活性，同时还确保方法会得到预期的输入类型。

3.4 自定义类型转换协议
Define Your Own Conversion Protocols

3.4.1 使用场景
Indications

期望输入是带有特定语义的原生类型。例如，用由两个整数组成的数组来表示 X/Y 坐标。

3.4.2 摘要
Synopsis

模仿 Ruby 原生类型转换协议（如#to_path），自定义新的隐式类型转换协议。

3.4.3 基本原理
Rationale

通过向第三方对象提供约定的方式，将其转换为我们期望的类型，在表明方法输入要求的同时，也让方法更容易扩展。

3.4.4 示例：接收一个点或一对坐标
Example: Accepting Either a Point or a Pair

Ruby 定义了很多类型转换协议，用于将对象转换为核心类型（参见第 3.2 节），如 String、Array、Integer。但是，有时候 Ruby 核心类型转换协议不能满足应用的语义需求。

假设有一个 2D 图形库，其中的点用一对 X/Y 来表示。为了简单起见，这些 X/Y 坐标就用由两个整数组成的数组来表示。

Ruby 已经定义了#to_a 和#to_ary，用于将对象转换为数组。但是这并不能体现将对象转换为坐标的语义。即使是将对象转换为核心类型，我们也想让转换更具语义，就像被 File.open 用到的#to_path 一样。我们也希望增加坐标转换协议，从而让对象可被转换为坐标，即使该对象连普通的数组转换协议都没有。

为了满足输入需求，我们新增了一个#to_coords 方法，下面是它的使用场景：

```
# origin and ending should both be [x,y] pairs, or should
# define #to_coords to convert to an [x,y] pair
# 起始坐标要么是[x,y]，要么是支持#to_coords的对象，以便被转换为[x,y]
def draw_line(start, endpoint)
  start = start.to_coords if start.respond_to?(:to_coords)
  start = start.to_ary
  # ...
end
```

随即，我们决定将坐标点封装到它应该归属的 Point 类中，这使得我们可以追加其他附加信息，如点的名称。在此类中，我们定义了#to_coords 方法，代码如下：

```
class Point
  attr_reader :x, :y, :name
  def initialize(x, y, name=nil)
    @x, @y, @name = x, y, name
  end

  def to_coords
```

```
    [x,y]
  end
end
```

现在我们可以随意使用 X/Y 或 Point 对象了：

```
start = Point.new(23, 37)
endpoint = [45,89]

draw_line(start, endpoint)
```

但#to_coords方法并非仅局限于我们自己的库中。如果碰到使用坐标的情景，客户端代码一样可以定义自己的#to_coords 方法。通过将类型转换协议文档化，我们就给后面的对象提供了扩展的入口。

3.4.5 小结 Conclusion

Ruby 的类型转换协议是一个超棒的想法，值得在我们自己的代码中采用。结合“有条件地使用类型转换方法”（参见第 3.3 节），方法就可以提供这样的接口：既可接收普通输入，还能向前兼容那些更具语义的输入（如 Point）。

3.5 定义自定义类型的转换协议
Define Conversions to User-defined Types

3.5.1 使用场景
Indications

方法需要自定义类型的输入，同时希望尽可能地将那些其他类型的对象也转换为预期类型。例如，方法期望获得 Meter 类型的输入，但同时也想支持其他单位类型的输入（如 Feet 等）。

3.5.2 摘要
Synopsis

定义自定义类型的转换协议，用于将任意对象转换成目标类型。

3.5.3 基本原理
Rationale

明确规定能将任意对象转换为我们自己所需类型的协议，使得方法可以像对待原生对象一样接纳第三方自定义对象。

3.5.4 示例：将英尺转换为米
Example: Converting Feet to Meters

1999 年 9 月 23 日，火星气候探测者号在开始进入火星轨道时解体[6]。造成这次事故的主要原因是混合使用了公制单位牛顿和英制单位磅。

---

[6]译者注：火星气候探测者号（Mars Climate Orbiter）是美国国家航空航天局的火星探测卫星，不过后来在 1999 年 9 月 23 日在进入火星轨道的过程中失去联络，最终任务失败。详见：http://zh.wikipedia.org/wiki/火星气候探测者号。

有精密系统开发经验的开发人员早就知道用原生数字类型来存储度量单位的危险性。因为“32 位”的整型数字对度量单位一无所知，这样太容易引入 bug 了，比如可能一不小心就让厘米和英寸相乘了。

在支持自定义类型的语言中，规避这些错误的常见手法就是用自定义类型来表示度量单位。有关度量单位的所有存储、计算操作都在自定义的类型中进行，而非原始的数字类型。因为所有计算操作都是在考虑了单位换算的自定义方法中进行的，所以单位混淆的概率大大减小了。

假设有这样一个宇宙飞船（如火星探测者号）控制系统，它定期地向地面控制中心报告飞船的海拔变化。

```
def report_altitude_change(current_altitude, previous_altitude)
  change = current_altitude - previous_altitude
  # ...
end
```

当前海拔（current_altitude）和上次海拔（previous_altitude）都是 Meter 类的实例对象，代码如下：

```
require 'forwardable'

class Meters
  extend Forwardable
  def_delegators :@value, :to_s, :to_int, :to_i
  def initialize(value)
    @value = value
  end

  def -(other)
    self.class.new(value - other.value)
```

```
  end
  # ...
  protected
  attr_reader :value
end
```

Meter 内部将数值存为 Integer，并且将部分方法直接代理给了 Integer，然而却显式地自定义了运算操作，用于确保运算后的结果仍然是Meter 对象。另外，数值的访问方法被设置成了 protected，这意味着只有 Meter 类型对象才能访问这些数值来用于计算。

不幸的是，我们并不能保证所有输入都是 Meter 类型而非 Integer 类型。我们也想支持那些能用英尺表示，且能在运算中混合使用的度量单位。我们得想办法隐式地将 Meter 转换为 Feet，以及将 Feet 转换为 Meter。

要实现这一效果，可以定义自定义类型的转换协议，类似于内置的#to_int。报告海拔变化的方法就变成下面这样：

```
def report_altitude_change(current_altitude, previous_altitude)
  change = current_altitude.to_meters - previous_altitude.to_meters
  # ...
end
```

在 Meter 上定义#to_meters 方法，它简单地返回自身，同时更新#calculation 方法，在其参数上也调用#to_meters 方法，代码如下：

```
class Meters
  # ...
  def to_meters
    self
  end
```

```
  def -(other)
    self.class.new(value - other.to_meters.value)
  end
end
```

给目前还没现身的 Feet 类也加上#to_meters 协议。

```
class Feet
  # ...
  def to_meters
    Meters.new((value * 0.3048).round)
  end
end
```

现在汇报海拔变化，再也不用担心单位混淆了。因为我们确信任何不支持#to_meters 协议的对象都将触发 NoMethodError 异常。这正是我们想要的，因为我们希望所有计算操作都在单位类中完成。但是，对于新度量单位的扩展是完全开放的。只要新度量单位类定义了合适的#to_meters，它们就可应用于期望 meters 输入的方法。

3.5.5 小结 Conclusion

严格限制输入类型，虽可以为方法减少很多不确定性，但是也会使方法难以扩展。正如机场的货币兑换亭，明确规定从自定义类型到目标类型的转换协议，则更受客户端开发人员的欢迎。

3.6 利用内置强制类型转换方法
Use Built-in Conversion Functions

3.6.1 使用场景
Indications

无论输入的原有类型是什么，你都渴望将其转换成特定原生类型。例如，无论输入的是 Float 类型的数字还是 nil，甚至是十六进制字符串，只要可行，就将其强制转换成 Integer 类型。

3.6.2 摘要
Synopsis

利用 Ruby 中那些首字母大写的强制类型转换方法，如 Integer()、Array()。

3.6.3 基本原理
Rationale

方法和某种原生类型交互，如果先利用强制类型转换方法对输入把关，可很好地提高输入灵活性，同时将非法输入拒之门外。

3.6.4 示例：格式化打印数字
Example: Pretty-printing Numbers

Ruby 的类型转换方法可不只前面章节谈到的那些#to_*方法，Ruby 核心模块还提供了一系列命名独特的强制类型转换方法，如 Array()、Float()、String()、Integer()、Rational()和 Complex()。如你所见，这违反了 Ruby 方法的命名规范，它们都大写了首字母。更异乎寻常的是，它们和对应的类同名。其实，它们都是普通的方法，但是因为它们无处不在，且只受参数影响，没有 self，所以我们又称其为函数[7]。

一些标准库也提供首字母大写的类型转换方法，如 uri 库就提供了一个 URI()方法。你猜对了，pathname 库提供的正是 Pathname()。

大多数情况下，这些强制类型转换方法都具备如下共同点。

1. 幂等性。对于非目标类型的参数，它会尝试将其转换为目标类型；对于已经是目标类型的参数，仅简单地原样返回。
2. 相对于对应#to_*版的转换方法，它们可以转换更多的输入类型。

下面以 Integer()为例。

1. 如果参数是数字类型的，则将其转换为 Integer 或 Bignum，浮点数的小数部分则会被截掉。
2. 如果参数是含有十进制、十六进制、八进制或二进制格式整数的字符串，则将其转换为整数。
3. 对于其他对象，如果支持#to_int 方法，则利用它来进行转换。
4. 如果上述条件都不满足，再回过头来利用#to_i 方法进行转换。

示范如下：

```
Integer(10)        # => 10
Integer(10.1)      # => 10
Integer("0x10")    # => 16
Integer("010")     # => 8
Integer("0b10")    # => 2
```

---

[7]译者注：按照函数式的思想，一个纯函数只受输入影响，即多次以相同参数去调用同一个函数，得到的结果应该是相同的。

```
# Time defines #to_i
Integer(Time.now)  # => 1341469768
```

有趣的是，虽然 Integer()可转换更多参数类型，但是对待字符串参数，它却比#to_i 还挑剔：

```
"ham sandwich".to_i      # => 0
Integer("ham sandwich")   # =>
# ~> -:2:in `Integer': invalid value for Integer(): "ham sandwich"
(ArgumentError)
# ~> from -:2:in `<main>'
```

使用 Integer()时，仿佛在说："如果可以，将其转换成 Integer 类型！"

下面的方法用于将整数格式化成更可读的格式，只要参数可被转换成 Integer，就不用在乎它原有的类型。

```
def pretty_int(value)
  decimal = Integer(value).to_s
  leader = decimal.slice!(0, decimal.length % 3)
  decimal.gsub!(/\d{3}(?!$)/,'\0,')
  decimal = nil if decimal.empty?
  leader = nil if leader.empty?
  [leader,decimal].compact.join(",")
end

pretty_int(1000)       # => "1,000"
pretty_int(23)         # => "23"
pretty_int(4567.8)      # => "4,567"
pretty_int("0xCAFE")    # => "51,966"
pretty_int(Time.now)    # => "1,341,500,601"
```

值得注意的是，这些强制类型转换方法所进行的操作并不完全一致。例如，String()就只是简单地在其参数上调用#to_s 方法而已。欲知更多详细，请参考 Ruby 官网的核心模块文档。

正如前文所说，部分标准库也提供了强制类型转换方法。

```
require 'pathname'
require 'uri'

path = Pathname.new("/etc/hosts")  # => #<Pathname:/etc/hosts>
Pathname(path)                    # => #<Pathname:/etc/hosts>
Pathname("/etc/hosts")             # => #<Pathname:/etc/hosts>
uri_str = "http://example.org"
uri = URI.parse(uri_str)
URI(uri_str)
# => #<URI::HTTP:0x0000000180a740 URL:http://example.org>
URI(uri)
# => #<URI::HTTP:0x00000001708748 URL:http://example.org>
```

如你所见，使用强制类型转换方法不仅比对应的构造方法更精简，而且是幂等的。作用于目标类型的对象时，它们仅原样返回。

下面的方法接收文件名为参数，报告文件大小。这里的文件名可以是 Pathname 对象，也可以是其他任何可被转换为 Pathname 的对象。

```
require 'pathname'

def file_size(filename)
  filename = Pathname(filename)
  filename.size
end
```

```
file_size(Pathname.new("/etc/hosts")) # => 889
file_size("/etc/hosts")               # => 889
```

3.6.5 Hash.[]

Hash.[]

在结束探讨“Ruby 内置强制类型转换方法”话题之前，再来看一个奇怪的方法。奇怪的是，Ruby 里面并没有 Hash()这个强制类型转换方法，与之最接近的是 Hash 类上的下标（[]）方法。对于长度为偶数的数组参数，Hash[]将生成一个 Hash，该 Hash 用数组的第一个元素作键，第二个元素作值，第三个元素作键，第四个元素作值，以此类推。如果要将扁平化键-值数组转换成 Hash，该方法就大有用处了。

```
inventory = ['apples', 17, 'oranges', 11, 'pears', 22]
Hash[*inventory]  # => {"apples"=>17, "oranges"=>11, “pears"=>22}
```

从调用角度来说，Hash.[]方法和其他普通的类型转换方法几乎毫无关系。但是，因为它可用于将数组转换成 Hash，所以顺便提一下。

3.6.6 小结

Conclusion

使用强制类型转换方法，在给输入类型提供最大灵活性的同时，还能确保输入会被转换成预期的类型。

3.7 用 Array()将输入数组化 Use the Array() Conversion Function to Array-ify Inputs

3.7.1 使用场景 Indications

方法需要 Array 类型参数，但实际参数类型却可能是多种多样的。

3.7.2 摘要 Synopsis

利用 Array()强制将输入类型转换为 Array。

3.7.3 基本原理 Rationale

无论输入的是什么类型，Array()都可以确保方法会得到数组类型的输入。

3.7.4 示例：可变参数 Example: Accepting One or Many Arguments

我们在前面介绍强制类型转换方法时提到了 Kernel#Array，它是如此的有用，以至于有必要单独用一节进行介绍。

Kernel#Array 会不遗余力地将输入转换成数组，例证如下：

```
Array("foo")              # => ["foo"]
Array([1,2,3])            # => [1, 2, 3]
```

```
Array([])                # => []
Array(nil)               # => []
Array({:a => 1, :b => 2})  # => [[:a, 1], [:b, 2]]
Array(1..5)              # => [1, 2, 3, 4, 5]
```

上面部分示例通过#to_a 或#to_ary 就能完成，但却不尽然。拿第一个例子来说：Ruby 的历史版本中，曾一度支持用#to_a 来将对象转换为单元素数组，但是这种用法在 Ruby 1.9 中已被移除了。所以，现在如果想将单个对象转换成数组，就得仰仗 Kernel#Array 了。

利用 Kernel#Array 来处理方法参数，可以得到更灵活的 API。假设有这一个#log_reading 方法，用于将仪表读数记录到日志中。因此，我们想让它足够的健壮：面对各种输入（包括单个值、集合，甚至是意外的 nil）都能正常工作，其中最糟糕的情况应该是无读数可记录吧。

```
def log_reading(reading_or_readings)
  readings = Array(reading_or_readings)
  readings.each do |reading|
  # A real implementation might send the reading to a log server…
  # 真实情况中，可能会发送到日志服务器上去
  puts "[READING] %3.2f" % reading.to_f
  end
end

log_reading(3.14)
log_reading([])
log_reading([87.9, 45.8674, 32])
log_reading(nil)

[READING] 3.14
[READING] 87.90
```

```
[READING] 45.87
[READING] 32.00
```

3.7.5 小结 Conclusion

由于 Kernel#Array 的灵活性及其处理参数的妥善度，它成了我将输入转换成数组最称手的兵器：我总是在求助#to_a 之前就想到它。无论何时，一旦得知代码需要数组或某种可枚举（Enumerable）的类型，我就会“请出”Kernel#Array，然后再也不用担心传入的参数不是预期类型了。

3.8 自定义强制类型转换方法
Define Conversion Functions

一个对象提出的要求越少，就越容易被使用。若一个对象能为多种不同类型的对象提供服务，那么将它作为一个辅助对象，在履行自身职责的时候，就不会向周围对象提出任何要求。

—— Rebecca Wirfs-Brock 和 Alan McKean，《Object Design》的作者

3.8.1 使用场景
Indications

希望公共 API 可以接收多种类型的输入，但内部还是希望将其转换为某特定的预期类型。

3.8.2 摘要
Synopsis

自定义幂等的强制类型转换方法，然后将其应用于所有输入。例如，自定义一个 Point()方法，用于将整数对、双元素数组，甚至特定格式的字符串、Point 对象自身转换成 Point 对象。

3.8.3 基本原理
Rationale

一旦输入被转换成特定的类型（或转换失败），就再也不用担心输入的不确定性了，可放心地去实现业务逻辑。

3.8.4 示例：应用于 2D 图形中的强制类型转换方法 Example: A Conversion Function for 2D Points

这里还是用 2D 图形库来举例。为方便起见，客户端代码可以通过以下形式来定位一个点：双元素数组、“123:456”这样的字符串、Point 对象。然而，在程序的内部，我们想统一用 Point 对象的形式。

显然，我们需要某种形式的类型转换方法，并且该方法应该有下述特点。

1. 足够简洁，因为要经常用到它。

2. 幂等，这样我们才不用担心输入是否已经是目标对象了。

为此，我们将采用 Ruby 核心类和标准库中强制类型转换方法的风格（参见第 3.6 节）来定义一个名称特别的转换方法，它用目标类 Point 来命名。和其他强制类型转换方法（如 Kernel#Array 和 Kernel#Pathname）类似，这里也采用驼峰命名（有别于 Ruby 普通方法命名规范）。这里将该方法定义在模块中，以便被引入任何需要类型转换的对象中去。

```
module Graphics
  module Conversions
    module_function
    def Point(*args)
      case args.first
      when Point then args.first
      when Array then Point.new(*args.first)
      when Integer then Point.new(*args)
      when String then
        Point.new(*args.first.split(':').map(&:to_i))
      else
        raise TypeError, "Cannot convert #{args.inspect} to Point"
      end
    end
```

```
  end
  Point = Struct.new(:x, :y) do
    def inspect
      "#{x}:#{y}"
    end
  end
end

include Graphics
include Graphics::Conversions
Point(Point.new(2,3))   # => 2:3
Point([9,7])            # => 9:7
Point(3,5)              # => 3:5
Point("8:10")           # => 8:10
```

接着我们便可在代码中使用该转换方法了，尤其是和外来输入打交道的时候。无论何处，当不能确定输入类型时，我们要做的不是浪费时间来摸清各种可能性，而是简单地用 Point()方法将其包起来。然后，既然知道只会和 Point 对象打交道，便可将注意力转移到手边的业务逻辑上来。

作为示范，下面是画长方形方法的开始部分：

```
def draw_rect(nw, se)
  nw = Point(nw)
  se = Point(se)
  # ...
end
```

3.8.5 关于 module_function About module_function

你可能会好奇 Conversions 模块顶部的 module_function 到底是干什么

的。这个名称奇怪的内置方法做了两件事：首先，将紧跟其后的方法都标注成了私有方法；其次，让紧跟其后的方法成了当前模块的单例方法。

通过将#Point标注成私有方法，我们就可将其封装在内部，从而有别于那些公有的接口方法。举个例子，假设有一个canvas对象已经引入Conversions模块，那么应该没必要在该对象之外再来调用 canvas.Point（1,2）吧。Conversions 模块只对内部开放，将其中的方法定义为私有会让这种界限更加明显。

的确，我们可以通过调用私有方法（private）来达成上述目的。但是，module_function 还做了另外一件事：将 Conversions 中的方法拷贝到模块的单例方法区去。如此一来，就可以不引入 Conversions 模块，而是直接使用 Conversions.Point（1,2）来调用转换方法了。

3.8.6 结合类型转换协议和强制类型转换方法 Combining Conversion Protocols and Conversion Functions

让我们对 Point()稍作改进。到目前为止，Point()可以妥善地将几种预知类型的对象转换成 Point 对象了。但是，如果支持类型扩展岂不更好，这样客户端代码就可以自定义到 Point 对象的类型转换方法了。

为实现这一目的，需要增加两个用于扩展的回调。

1. 标准库的#to_ary，匹配数组，以及不是数组但可以转换为数组的对象。
2. 我们库中的#to_point，匹配那些定义了将自己转换为 Point 的对象。

代码如下：

```
def Point(*args)
  case args.first
```

```
  when Integer then Point.new(*args)
  when String then Point.new(*args.first.split(':').map(&:to_i))
  when ->(arg){ arg.respond_to?(:to_point) }
    args.first.to_point
  when ->(arg){ arg.respond_to?(:to_ary) }
    Point.new(*args.first.to_ary)
  else
    raise TypeError, "Cannot convert #{args.inspect} to Point"
  end
end

# Point类自己实现了#to_point方法
Point = Struct.new(:x, :y) do
  def inspect
    "#{x}:#{y}"
  end

  def to_point
    self
  end
end

# Pair类实现了#to_ary，因而可被转换为数组
Pair = Struct.new(:a, :b) do
  def to_ary
    [a, b]
  end
end

# 自定义类Flag，实现了#to_point，因而可被转换为Point对象
class Flag
  def initialize(x, y, flag_color)
    @x, @y, @flag_color = x, y, flag_color
```

```
  end

  def to_point
    Point.new(@x, @y)
  end
end

Point([5,7])                    # => 5:7
Point(Pair.new(23, 32))          # => 23:32
Point(Flag.new(42, 24, :red))   # => 42:24
```

现在我们为程序提供了两个扩展点。我们不再排斥类数组对象（就差从Array继承了），并且现在的客户端代码可以自定义#to_point转换方法了（而非原来那样强制输入类型必须为 Point）。实际上，我们也利用了类型转换方法的优势：再也不用显式匹配 Point 的 case 分支了，而是匹配那些支持#to_point的对象。

3.8.7 用 Lambdas 表达式作 case 分支
Lambdas as Case Conditions

如果你不理解前述代码中用作 case 分支的 lambda（->{...}），那么请允我稍作解释。你或许知道，case 语句使用三等运算符（#===）来判定分支是否匹配，而 Ruby 的 Proc 对象正好定义了三等运算符（#call 的别名）。例证如下：

```
even = ->(x) { (x % 2) == 0 }

even === 4 # => true
even === 9 # => false
```

当 Proc#===邂逅 case 条件分支时，我们就有了可以表述任意 case 条件的强大武器。

```
case number
when 42
  puts "the ultimate answer"
when even
  puts "even"
else
  puts "odd"
end
```

3.8.8 小结 Conclusion

通过自定义幂等的强制类型转换方法（如 Point()），在确保输入会被转换成统一已知类型的同时，还保持了公共 API 的灵活性和便利性。使用以目标类型命名的强制类型转换方法，可给予调用者强烈的语义暗示。结合强制类型转换方法和类型转换协议（如#to_ary 或#to_point），便为客户端代码的进一步扩展敞开了大门。

3.9 用自定义类替换类字符串类型 Replace "String Typing" with Classes

进行领域建模的时候，仍有这样一种遗风：希望用最基本的单位来表示参数。这不仅是不必要的，而且会阻碍程序内部的交流、协作。因为 bits、strings、numbers 等几乎都可以用于表示任何事物，但也意味着什么都表示不好。

——摘自 Ward Cunningham 的《Pattern Languages of Program Design》

字符串是一种较原始的数据结构，有它的地方就有重复，但同时它又是一个很好的信息封装载体。

——Alan Perlis

3.9.1 使用场景 Indications

输入是某种特定形式的字符串，程序中充斥着关于该字符串的 switch 语句。

3.9.2 摘要 Synopsis

用自定义类来替换带特殊语义的字符串。

3.9.3 基本原理 Rationale

利用多态（而非 switch 语句）来处理程序逻辑，可以消除不必要的冗余，减少出错的机会，从而使程序设计更清晰。

3.9.4 示例：红绿灯的状态问题 Example: Traffic Light States

前面我们定义了类型转换方法，用于将参数转换到自定义类型（例如表示 x/y 坐标的 Point 类）。下面来深入探讨一个例子，它会说明为什么优先使用自定义类型能提升代码的设计，而非使用 stings、symbols 以及其他原生类型。

假设有这样一个用于控制红绿灯的类，它接收那些表述状态的输入，代码如下：

```
class TrafficLight
  # Change to a new state
  def change_to(state)
    @state = state
  end

  def signal
    case @state
    when "stop" then turn_on_lamp(:red)
    when "caution"
      turn_on_lamp(:yellow)
      ring_warning_bell
    when "proceed" then turn_on_lamp(:green)
    end
  end

  def next_state
    case @state
    when "stop" then "proceed"
```

```
    when "caution" then "stop"
    when "proceed" then "caution"
    end
  end

  def turn_on_lamp(color)
    puts "Turning on #{color} lamp"
  end

  def ring_warning_bell
    puts "Ring ring ring!"
  end
end
```

发现潜在的问题了吗？

该 case 语句并无 else 分支，这就意味着如果@state 不是 stop、caution 或 proceed 其中之一时，该方法会悄然出错。

```
light = TrafficLight.new
light.change_to("PROCEED")  # oops, uppercase
light.signal
puts "Next state: #{light.next_state.inspect}"

light.change_to(:stop)      # oops, symbol
light.signal
puts "Next state: #{light.next_state.inspect}"
```

```
Next state: nil
Next state: nil
```

当然，我们可以补上 else 分支（以后使用 case 时也别再忘）。另外，我们还可以通过改进#change_to 方法，让它防范非法输入。

```
def change_to(state)
  raise ArgumentError unless ["stop", "proceed",
    "caution"].include?(state)
  @state = state
end
```

现在至少可以阻止客户端代码引入非法输入了，但是，还是不能排除内部的拼写错误。除此之外，上面的代码看起来还是有点不对劲，比如所有这些case语句。

如果分别用独立的对象来表示红绿灯状态，会不会好点呢？请看以下代码：

```
class TrafficLight
  State = Struct.new(:name) do
    def to_s
      name
    end
  end

  VALID_STATES = [
    STOP = State.new("stop"),
    CAUTION = State.new("caution"),
    PROCEED = State.new("proceed")
  ]
  # Change to a new state
  def change_to(state)
    raise ArgumentError unless VALID_STATES.include?(state)
    @state = state
  end

  def signal
```

```
    case @state
    when STOP then turn_on_lamp(:red)
    when CAUTION
      turn_on_lamp(:yellow)
      ring_warning_bell
    when PROCEED then turn_on_lamp(:green)
    end
  end

  def next_state
    case @state
    when STOP then 'proceed'
    when CAUTION then 'stop'
    when PROCEED then 'caution'
    end
  end
  # ...
end

light = TrafficLight.new
light.change_to(TrafficLight::CAUTION)
light.signal
Turning on yellow lamp
Ring ring ring!
```

因为有了 VALID_STATES 数组，检查输入合法性就轻松多了。同时，也避免了内部拼写错误。因为这次所有的地方都使用的是常量而非字符串，如果常量拼写错误了，Ruby 会很快提醒你的。

但是，light.change_to（TrafficLight::CAUTION）这种 Java 风格调用方式明显更加冗长了，看看能否在后续的演进中加以改善。

不难发现，接下来的首要任务就是将 next state 移动到状态对象本身内部去，从而消除一个case语句，代码如下：

```
class TrafficLight
  State = Struct.new(:name, :next_state) do
    def to_s
      name
    end
  end

  VALID_STATES = [
    STOP = State.new("stop", "proceed"),
    CAUTION = State.new("caution", "stop"),
    PROCEED = State.new("proceed", "caution")
  ]

  # ...
  def next_state
    @state.next_state
  end
end
```

这也给了我们另外一个灵感：既然可以将其中一个case语句移到@state对象中去，何不一鼓作气全部转移呢？不幸的是，我们在#signal 这里遇到麻烦了。

```
def signal
  case @state
  when STOP then turn_on_lamp(:red)
  when CAUTION
    turn_on_lamp(:yellow)
    ring_warning_bell
```

```
    when PROCEED then turn_on_lamp(:green)
    end
  end
```

caution 分支与其他分支有所不同：它不仅要调整信号灯状态，还要响铃。能否找到合适的方式将它也融入 State 对象中去呢？

为了解决这个问题，我们再探讨 state 的定义。这次将其声明为子类，而不再是实例对象。

```
class TrafficLight
  class State
    def to_s
      name
    end

    def name
      self.class.name.split('::').last.downcase
    end

    def signal(traffic_light)
      traffic_light.turn_on_lamp(color.to_sym)
    end
  end

  class Stop < State
    def color; 'red'; end

    def next_state; Proceed.new; end
  end

  class Caution < State
```

```
    def color; 'yellow'; end

    def next_state; Stop.new; end

    def signal(traffic_light)
      super
      traffic_light.ring_warning_bell
    end
  end

  class Proceed < State
    def color; 'green'; end

    def next_state; Caution.new; end
  end
  # ...
end
```

因为#next_state 被作为实例方法定义在了每个 State 子类上，所以在这些方法内可以直接访问其他State 子类。那是因为等到#next_state 真正用到State 子类时，它们都已经定义好了，所以不会有 NameError 错误。

TrafficLight 现在已经严重缩水了：

```
class TrafficLight
  # ...
  def next_state
    @state.next_state
  end

  def signal
    @state.signal(self)
```

```
  end
end
```

不幸的是，TrafficLight 使用 State 的便利性反而变得更糟了：

```
light = TrafficLight.new
light.change_to(TrafficLight::Caution.new)
light.signal
```

我们决定使用强制类型转换方法这一法宝来改进这一点（参见第 3.8 节）。

```
class TrafficLight
  def change_to(state)
    @state = State(state)
  end
  # ...
  private

  def State(state)
    case state
    when State then state
    else self.class.const_get(state.to_s.capitalize).new
    end
  end
end
```

现在调用者就可使用 String 或 Symbol 了，如果可以，它们便会被转换成相应的 State 对象。

```
light = TrafficLight.new
light.change_to(:caution)
```

```
light.signal
puts "Next state is: #{light.next_state}"

Turning on yellow lamp
Ring ring ring!
Next state is: stop
```

3.9.5 小结 Conclusion

下面来回顾一下这一系列促使我们重构的痛点。

1. 关于同一变量的 case 语句不断重复。

2. 太容易给@state 变量引入非法值了。

现在所有这些顾虑都消除了。除此之外，我们还在代码中引入了“红绿灯状态”这一新概念。同时，红绿灯状态类还提供了明显的扩展点：既可以扩展现有 State 的功能，也可以增加一个全新的 State 状态。

高效地使用面向对象语言的要点就是：让封装和多态替你分忧解劳。面对那些来自外界的字符串或 Symbol，简单地确保它们是合法的，然后就可以撒手不管了，这看起来比较诱人。然而，细看之下，你可能发现明显的领域概念开始浮出水面。用类来反映这些概念，不仅能减少代码出错，还有助于加深我们对问题的理解，同时提升解决该问题的程序设计。这也意味着方法减少了花费在输入检查上的时间，我们就可以腾出更多精力来关注业务逻辑本身。

注意，本节对 String 输入的所有讨论同样适用于 Symbol 输入，本节里它们是互换的。尽管不那么通用，但这对其他原生类型（如 Integer）也可能适用。有时候将一批“魔法数字”替换成独立的类也可能会更好。

3.10 用适配器装饰输入 Wrap Collaborators in Adapters

3.10.1 使用场景 Indications

方法的多类输入无共同接口。例如，日志方法可能需要支持将日志写进多种终端，包括文件、网络套接字或IRC[8]聊天室。

3.10.2 摘要 Synopsis

用适配器装饰输入对象，以便统一它们的接口。

3.10.3 基本原理 Rationale

用适配器一劳永逸地解决让人担心的特殊情况。

3.10.4 示例：将日志写进 IRC Example: Logging to IRC

为了帮助理解，我们以 benchmarked 日志类为例，它将事件及所花时间一同记录到日志中，具体如下：

```
log.info("Rinsing hard drive") do
  # ...
end
```

[8]译者注： IRC（Internet Relay Chat）是一种网络即时聊天方式，主要用于群体聊天，但同样也可以用于个人对个人的聊天。详见：http://zh.wikipedia.org/zh-cn/IRC。

日志输出示例如下：

```
[3.456] Rinsing hard drive
```

方括号中的数字表示当前操作所花秒数。我们希望该类同时兼容多种日志终端。

1. 内存中的数组
2. 文件
3. TCP 或 UDP 套接字
4. Cinch IRC framework 定义的 IRC Bot 对象（这是我杜撰的）

让日志类支持前三种终端的实现相当简单，代码如下：

```
class BenchmarkedLogger
  def initialize(sink=$stdout)
    @sink = sink
  end

  def info(message)
    start_time = Time.now
    yield
    duration = start_time - Time.now
    @sink << ("[%1.3f] %s\n" % [duration, message])
  end
end
```

使用文件、标准输出、标准错误输出、网络套接字，或者内存数组做日志终端时，该类可以很好地工作。之所以能和这些终端很好地协作，是因为它们都支持#<<（追加操作符）。换句话说，所有这些终端类型都共享了相同的接口。

然而，我们还想将日志信息广播到IRC频道中去。这次，事情可就不那么简单了。

具体的IRC logging bot如下：

```
require 'cinch'

bot = Cinch::Bot.new do
  configure do |c|
    c.nick = "bm-logger"
    c.server = ENV["LOG_SERVER"]
    c.channels = [ENV["LOG_CHANNEL"]]
    c.verbose = true
  end
  on :log_info do |m, line|
    Channel(ENV["LOG_CHANNEL"]).msg(line)
  end
end
bot_thread = Thread.new do
  bot.start
end
```

要想将日志信息写进IRC频道，我们得触发自定义的:log_info事件：

```
bot.handlers.dispatch(:log_info, nil, "Something happened…")
```

有一种让日志类支持这种IRC协议的方式，是在#info方法中使用基于终端类型的switch语句，代码如下：

```
class BenchmarkedLogger
  # ...
  def info(message)
    start_time = Time.now
    yield
    duration = start_time - Time.now
    line = "[%1.3f] %s\n" % [duration, message]
    case @sink
    when Cinch::Bot
      @sink.handlers.dispatch(:log_info, nil, line)
    else
      @sink << line
    end
  end
end
```

这样虽可以工作，却不够优雅。终端类型的不确定性，极大地增加了开发人员的焦虑。经验告诉我们：一旦有一条关于输入类型的 switch 语句，就会出现更多这样的分支。

既然#<<message 是一种简单易懂的日志输出方式，而且支持大多数日志终端，那么不妨在最初使用 IRC Bot 的时候就用适配器修饰它，让它支持通用的接口，避免#info 和其他方法被类型检查干扰，代码如下：

```
class BenchmarkedLogger
  class IrcBotSink
    def initialize(bot)
      @bot = bot
    end

    def <<(message)
      @bot.handlers.dispatch(:log_info, nil, message)
```

```
    end
  end

  def initialize(sink)
    @sink = case sink
    when Cinch::Bot then IrcBotSink.new(sink)
    else sink
    end
  end
end
```

这让#info 再次回到了最初那种一目了然的实现方式，代码如下：

```
def info(message)
  start_time = Time.now
  yield
  duration = start_time - Time.now
  @sink << ("[%1.3f] %s\n" % [duration, message])
end
```

3.10.5 小结 Conclusion

通过在入口处（本例即 initializer 方法）使用适配器修饰输入，即可避免其余各处输入类型的不确定性。你看，现在#info 方法可放心地将日志写进任何终端了，因为无论这些终端如何实现，它们都支持#<<message 操作。

3.11 利用透明适配器逐步消除类型依赖 Use Transparent Adapters to Gradually Introduce Abstraction

3.11.1 适用场景 Indications

某个类有许多输入类型的依赖，致使难以引入适配器（参见第 3.10 节）。

3.11.2 摘要 Synopsis

将适配器透明地委托给底层待适配对象，从而轻松实现松耦合设计。

3.11.3 基本原理 Rationale

对于改进代码关注点过于分散的问题，小步前进更为可行。

3.11.4 示例：再探将日志写进 IRC 的示例 Example: Logging to IRC, Again

在第 3.10 节，我们实现了 BenchmarkedLogger 类，利用适配器对象为 IRC bot 提供了一个与文件、套接字、数组一样的接口。但是，如果不能从头开始实现这个类呢？例如，我们接手项目时，已有许多有关日志终端类型的 switch 语句与 Cinch::Bot 相关的方法耦合在一起了，该怎么办？

```
class BenchmarkedLogger
  # ...
  def info(message)
```

```
    start_time = Time.now
    yield
    duration = start_time - Time.now
    line = "[%1.3f] %s\n" % [duration, message]
    case @sink
    when Cinch::Bot
      @sink.handlers.dispatch(:log_info, nil, line)
    else
      @sink << line
    end
  end
  # ...many more methods...
end
```

作为行事谨慎、训练有素的开发人员（通常都很忙），我们一般会通过一系列小而稳健的重构来逐步改进该类。但如果还像前面章节那样，使用只支持#<<操作的适配器对象来适配 Cinch::Bot 对象，则会破坏类中其他那些依赖于 Cinch::Bot 的方法。我们得小心翼翼地检查与 IRC bot 交互的每一个方法，如果缺乏全面的测试，就有可能出现 “漏网之鱼”。

这次，我们决定引入透明适配器对象。它将实现#<<message 方法，以便 IRC bot 可以像文件、数组、套接字的日志终端一样工作。但是调用该适配器对象的其他方法会转发给底层的 Cinch::Bot 对象，代码如下：

```
require 'cinch'
require 'delegate'

class BenchmarkedLogger
  class IrcBotSink < DelegateClass(Cinch::Bot)
    def <<(message)
      handlers.dispatch(:log_info, nil, message)
```

```
    end
  end

  def initialize(sink)
    @sink = case sink
    when Cinch::Bot then IrcBotSink.new(sink)
    else sink
    end
  end
end
```

我们使用Ruby标准库中的DelegateClass类作为透明适配器的基础。它将生成这样一个类：所有调用该类的方法都将转给底层的对象。所以，在IrcBotSink 中调用#handlers 方法，实际上调用的是内部 Cinch::Bot 的#handlers。

实际接收方法调用的底层对象 Cinch::Bot 是通过构造方法传入的。而DelegateClass 恰好提供这样的构造方法。我们要做的只是为适配器对象提供要增加的方法。

为了实现这一切，我们还得做点调整：将当前代码中所有引用 Cinch::Bot 的地方统统换成IrcBotSink。否则，日志终端类型的switch语句将无法正常工作。这只需要搜索替换就能完成，可以认为是一个相当稳妥的办法。

```
def info(message)
  # ...
  case @sink
  when IrcBotSink
    @sink.handlers.dispatch(:log_info, nil, line)
  else
    @sink << line
```

```
  end
end
```

3.11.5 小结 Conclusion

乍看之下，这并无特别之处。但是，使用透明适配器对象替换 Cinch::Bot 对象之后，我们离统一日志终端接口的目标又近了一步。我们逐一将蹩脚的 switch 语句都替换成统一的接口（如#<<），同时又不必担心破坏尚未来得及更新的遗留方法。

3.12 利用先决条件排除非法输入
Reject Unworkable Values with Preconditions

3.12.1 使用场景
Indications

某些输入并不能被转换或适配成可用的形式，纵容这样的输入会引入潜在风险，也致使程序难以调试。假如 Employee 对象中的入职日期（hire_date）为 nil，就会导致部分方法出现难以预料的行为。

3.12.2 摘要
Synopsis

利用先决条件，尽早排除非法输入。

3.12.3 基本原理
Rationale

让程序尽早抛出明显的错误，总好过局部正常、将来突然出现令人困惑的异常问题。

3.12.4 示例：员工入职日期
Example: Employee Hire Dates

下面的代码中包含了几处不确定性：

```
require 'date'

class Employee
  attr_accessor :name
```

```
  attr_accessor :hire_date
  def initialize(name, hire_date)
    @name = name
    @hire_date = hire_date
  end

  def due_for_tie_pin?
    raise "Missing hire date!" unless hire_date
    ((Date.today - hire_date) / 365).to_i >= 10
  end

  def covered_by_pension_plan?
    # TODO 可能需要HR来确认一下逻辑
    ((hire_date && hire_date.year) || 2000) < 2000
  end

  def bio
    if hire_date
      "#{name} has been a Yoyodyne employee since #{hire_date.year}"
    else
      "#{name} is a proud Yoyodyne employee"
    end
  end
end
```

我们可推测出 Employee 类的演进历史。看起来，开发过程中有三个开发人员发现了#hire_date 可能为 nil，而他们每个人解决问题的手法又各不相同：#due_for_tie_pin?的作者在入职日期缺失时，便直接抛出异常；#covered_by_pension_plan?的作者武断地给入职日期提供了默认值；#bio 的作者则使用 if 语句检测入职日期的存在性。

事后看来，该类存在严重的问题。造成这种不确定的根本原因是入职日期的不确定性。

构造方法的目标之一是确定对象的不变量（invariant）——对象的属性。这些属性应该总是有效的。在本例中，入职日期必须存在。构造方法的工作就是初始化对象，如果不能保证对象的可靠性，那么它就有些玩忽职守了。如此一来，每个涉及入职日期的方法都得检查入职日期是否存在。

这是一个必须做“边界检查”的例子。既然没有一种很好的方式来应对入职日期缺失的情况，不如简单地坚持入职日期必须有合法值。这样就可以让那些 nil 值无处藏身了。

无论是构造方法还是给 hire_date 赋值，我们都可以设置先决条件进行检查，从而确保对象的完整性。

```
require 'date'

class Employee
  attr_accessor :name
  attr_reader :hire_date
  def initialize(name, hire_date)
    @name = name
    self.hire_date = hire_date
  end

  def hire_date=(new_hire_date)
    raise TypeError, "Invalid hire date" unless
    new_hire_date.is_a?(Date)
    @hire_date = new_hire_date
  end

  def due_for_tie_pin?
    ((Date.today - hire_date) / 365).to_i >= 10
```

```
  end

  def covered_by_pension_plan?
    hire_date.year < 2000
  end

  def bio
    "#{name} has been a Yoyodyne employee since #{hire_date.year}"
  end
end
```

这里我们利用先决条件来阻止实例变量的非法值。它还可以帮助个体方法甄别无效输入。

```
def issue_service_award(employee_address, hire_date, award_date)
  unless (FOUNDING_DATE..Date.today).include?(hire_date)
    raise RangeError, "Fishy hire_date: #{hire_date}"
  end

  years_employed = ((Date.today - hire_date) / 365).to_i

  # $10 for every year employed
  issue_gift_card(address: employee_address,
    amount: 10 * years_employed)
end
```

注意，正如 Bertrand Meyer 在《面向对象软件构造》一书中所言，遵守先决条件应该是方法调用者的职责，也就是说，调用者永远不应该拿违反先决条件的输入去调用方法。类似 Eiffel 这样的语言，原本就支持契约设计[9]，运行期

[9]译者注：契约设计(Design by Contract，DbC)。精确且可验证的接口为传统的抽象数据类型增加先决条件。详见：http://zh.wikipedia.org/wiki/契约式设计。

可确保调用遵守契约，一旦调用者拿违反契约的参数去调用方法，便会抛出异常。但 Ruby 并不支持契约设计，所以我们将先决条件放到待保护方法的开始部分（最显眼的地方）。

3.12.5 “可执行文档” Executable Documentation

先决条件身兼双重职责。首先，它们阻止非法输入，从而避免非法输入造成方法出现难以预料的行为；其次，它们位处方法的开头部分（极其显眼），作为“可执行文档”表明输入要求。读代码时，第一眼看到的便是说明哪些输入不合法的先决条件。

3.12.6 小结 Conclusion

有些方法输入是不可接受的。有时它们只在某个地方引起错误，这并无大碍；但是另一些情况下，非法输入则会危害系统，甚至是业务。更可怕的是，开发人员对非法输入的担心，会影响系统的一致性。在入口处及时拒绝无效输入，可以让程序变得更健壮，简化内部逻辑，同时为其他开发人员提供“可执行文档”。

3.13 利用#fetch 确保 Hash 键的存在性 Use #fetch to Assert the Presence of Hash Keys

3.13.1 使用场景 Indications

方法以 Hash 为参数，且某些 Hash 键是该方法正常工作所必需的。

3.13.2 摘要 Synopsis

利用 Hash#fetch 方法，间接确保 Hash 键的存在性。

3.13.3 基本原理 Rationale

#fetch 方法非常简洁，而且可以避免 Hash 元素中合法的 nil 或 false 引发 bug。

3.13.4 示例：**useradd(8)**包装器 Example: A Wrapper for useradd(8)

假设有这样一个方法，用于包装GNU/Linux 常见管理命令 useradd(8)，它用 Hash 来接收多种属性输入，代码如下：

```
def add_user(attributes)
  login = attributes[:login]
  unless login
    raise ArgumentError, 'Login must be supplied'
```

```
  end
  password = attributes[:password]
  unless password
    raise ArgumentError, 'Password (or false) must be supplied'
  end

  command = %w[useradd]
  if attributes[:home]
    command << '--home' << attributes[:home]
  end
  if attributes[:shell]
    command << '--shell' << attributes[:shell]
  end

  # ...etc...

  if password == false
    command << '--disabled-login'
  else
    command << '--password' << password
  end

  command << login

  if attributes[:dry_run]
    puts command.join(" ")
  else
    system *command
  end
end
```

该方法采用不同的方式对:password 属性进行处理。与:login 一样，:password也是调用者必须提供的属性，否则就会抛出ArgumentError异常；如果调用者给:password传入false，则会创建一个不可登录账号。

方法开头部分的unless语句，正是先决条件(参见第3.12节)的一种应用。当传入的Hash缺少强制属性时，它会将问题及时地暴露出来，同时它还会为读者了解输入要求提供重要线索。然而，这让方法变得比较臃肿，直到第11行才开始涉及方法的核心功能。

这里还有比冗长的输入检查更大的问题，发现了没？

下面让我们分别按照“带有password参数”“无password参数”“用:password => false参数”的顺序来调用#add_user，看看会发生什么：

```
add_user(login: 'bob', password: '12345', dry_run: true)
# >> useradd --password 12345 bob

add_user(login: 'bob', dry_run: true)
# ~> #<ArgumentError: Password (or false) must be supplied>

add_user(login: 'bob', password: false, dry_run: true)
# >> #<ArgumentError: Password (or false) must be supplied>
```

从理论上说，传入:password => false时，方法会创建一个不可登录账号。但实际上，并不能如你所愿，代码根本还没执行到那里。这是因为false代表“假”，这使得验证password存在性时就报错了。

```
# ...
password = attributes[:password]
unless password
  raise ArgumentError, 'Password (or false) must be supplied'
```

```
end
# …
```

3.13.5 尝试#fetch

Go #fetch

碰巧，我们可以用 Hash#fetch 一举解决输入检查冗长和 password 属性验证偏差的问题。下面的#add_user 方法便是利用#fetch 来获取强制属性的。

```
def add_user(attributes)
  login = attributes.fetch(:login)
  password = attributes.fetch(:password)

  command = %w[useradd]
  if attributes[:home]
    command << '--home' << attributes[:home]
  end
  if attributes[:shell]
    command << '--shell' << attributes[:shell]
  end

  # ...etc...

  if password == false
    command << '--disabled-login'
  else
    command << '--password' << password
  end

  command << login

  if attributes[:dry_run]
```

```
    puts command.join(" ")
  else
    system *command
  end
end
```

这有何不同呢？让我们再看前面的测试用例：第一个带有 password，第二个无 password，第三个用:password => false。

```
add_user(login: 'bob', password: '12345', dry_run: true)
# >> useradd --password 12345 bob

add_user(login: 'bob', dry_run: true)
# ~> #<KeyError: key not found: :password>

add_user(login: 'bob', password: false, dry_run: true)
# >> useradd --disabled-login bob
```

传入 false 时，我们得到了预期的结果：带--disabled-login 标记的 useradd（8）调用。

仔细看一下完全不传:password 属性时的调用结果：

```
#<KeyError: key not found: :password>
```

KeyError 是这样一个 Ruby 内置异常：希望某键存在，但实际上不存在。#fetch 与下标操作符（#[]）有所不同：键缺失时，并不返回 nil，而是抛出 KeyError 异常。

显然，这使得先决条件更加简洁（至少不那么惹眼了）。但是，如何解释它修复了原来把:password => false 和 password 属性缺失等同看待的 bug 呢？

为了说明，下面进一步探讨 Hash#fetch 和 Hash#[]的区别。

```
def test
  value = yield
  if value
    "truthy (#{value.inspect})"
  else
    "falsey (#{value.inspect})"
  end
rescue => error
  "error (#{error.class})"
end

h = { :a => 123, :b => false, :c => nil }

test{ h[:a] }          # => "truthy (123)"
test{ h[:b] }          # => "falsey (false)"
test{ h[:c] }          # => "falsey (nil)"
test{ h[:x] }          # => "falsey (nil)"
test{ h.fetch(:a) }   # => "truthy (123)"
test{ h.fetch(:b) }   # => "falsey (false)"
test{ h.fetch(:c) }   # => "falsey (nil)"
test{ h.fetch(:x) }   # => "error (KeyError)”
```

可见键存在时，两个方法均返回对应的值。不同之处在于如何处理键缺失的情况。

最后两个下标操作符（#[]）的例子特别有趣。其中一个用值为 nil 的键去调用；另一个用根本不存在的键调用。但从结果来看，它们难以区分（均返回 nil）。所以，用 Hash#[]方法将无法区分值为 nil 和键不存在的情况。

与之相反，#fetch 版的调用结果则泾渭分明：第一个返回 nil，第二个抛出 KeyError 异常。

事实上，#fetch 使得对 Hash 值的测试结果更加明确：现在我们可以很容易地区分“假”值和值不存在的情况，且无需劳驾 Hash#has_key?便可达到目的。

这样就利用#fetch 修复了#add_user 存在的问题：当且仅当:password 键缺失时才报错，并且允许显式地传入“假”值。

3.13.6 自定义#fetch
Customizing #fetch

上面的#fetch 虽一举两得，但是在给调用者报告先决条件失败的方式上，我们丢失了一定的清晰度。而原来用#add_user，如果不提供:password，会得到清晰而明确的异常提示：

```
raise ArgumentError, 'Password (or false) must be supplied'
```

该异常意味着 false 是:password 的合法值。如果#fetch 也能提供这种提示，那该多好。事实上，它确实能。

目前为止，我们只用到了#fetch 一个参数这种简单调用模式，但#fetch 还能接收代码块作参数。如果提供了代码块，#fetch 遇到键缺失时，会执行代码块中的内容，而不再抛出异常；而键存在时，代码块便被忽略。事实上，代码块使得我们可以自定义键缺失时的补救措施。

有了这些知识，就可以改进#fetch，让它在:password 键不存在时抛出自定义的异常。

```
def add_user(attributes)
  login = attributes.fetch(:login)
  password = attributes.fetch(:password) do
    raise KeyError, "Password (or false) must be supplied"
  end
  # ...
end
```

3.13.7 小结

Conclusion

我们已经了解了 Hash#fetch 可以作为一种“自信（assertive）的下标操作（assertive subscript）”，可以强制要求特定的键必须存在；我们也见识了#fetch 是如何做到比下标操作符更精简的，以及怎样区分键缺失和键值为“假”的情况。因此，使用#fetch 可规避那些由合法的 nil 或 false 属性引发的怪异 bug。最后，我们使用了代码块形式的#fetch 来自定义键缺失时的异常。

值得注意的是，Hash 可不是唯一定义了#fetch 的核心类，在 Array 及单例对象 ENV 上也能发现它的踪迹。即使 Array 版的#fetch 抛出的不是 KeyError 而是 IndexError，所有这些类中的#fetch 所做的事也都是类似的。一些第三方库也提供了#fetch，比如提供多种键-值存储通用接口的 Moneta 库就提供了#fetch 方法。

还没到和#fetch 说再见的时候，它还有更多奇妙的地方，我们将在接下来的章节继续探讨。

3.14 利用#fetch 提供默认参数
Use #fetch for Defaults

3.14.1 使用场景
Indications

方法以 Hash 为参数，其中某些 Hash 键是可选的，若没提供，则使用默认值。

3.14.2 摘要
Synopsis

利用 Hash#fetch 给 hash 参数可选键提供默认值。

3.14.3 基本原理
Rationale

#fetch 意图明确，且能规避由合法 Hash 值 nil 或 false 引起的 bug。

3.14.4 示例：可选的 **logger** 参数
Example: Optionally Receiving a Logger

下面的方法用于实现某功能，由于该功能会花费一定的时间，故定期将其状态记录到日志中。

```
require 'nokogiri'
require 'net/http'
require 'tmpdir'
require 'logger'
```

```
def emergency_kittens(options={})
  logger = options[:logger] || default_logger
  uri =
URI("http://api.flickr.com/services/feeds/photos_public.gne?tags=k
ittens")
  logger.info "Finding cuteness"
  body = Net::HTTP.get_response(uri).body
  feed = Nokogiri::XML(body)
  image_url = feed.css('link[rel=enclosure]').to_a.sample['href']
  image_uri = URI(image_url)
  logger.info "Downloading cuteness"
  open(File.join(Dir.tmpdir, File.basename(image_uri.path)), 'w') do
|f|
    data = Net::HTTP.get_response(URI(image_url)).body
    f.write(data)
    logger.info "Cuteness written to #{f.path}"
    return f.path
  end
end

def default_logger
  l = Logger.new($stdout)
  l.formatter = -> (severity, datetime, progname, msg) {
    "#{severity} -- #{msg}\n"
  }
  l
end
```

为了对日志输出一探究竟，下面来尝试调用该方法。

```
emergency_kittens
```

输出如下：

```
INFO -- Finding cuteness
INFO -- Downloading cuteness
INFO -- Cuteness written to /tmp/8790172332_01a0aab075_b.jpg
```

为了更好地与系统其他部分协作，该方法允许用:logger 参数覆盖默认日志对象。例如，如果客户端代码想用自定义的格式来记录日志，则可将日志对象传进来，从而达到覆盖默认行为的效果，代码如下：

```
simple_logger = Logger.new($stdout)
simple_logger.formatter = -> (_, _, _, message) {
  "#{message}\n"
}

emergency_kittens(logger: simple_logger)

Finding cuteness
Downloading cuteness
Cuteness written to /tmp/8796729502_600ac592e4_b.jpg
```

使用 emergency_kittens 一段时间后，我们发现了一种:logger 最常见的用法：传入“空对象”来抑制日志输出。为了更好地支持这种场景，我们决定修改该方法，让:logger 支持 false 值。:logger 设置为 false 表示不输出任何日志。

```
logger = options[:logger] || Logger.new($stdout)
if logger == false
  logger = Logger.new('/dev/null')
end
```

不幸的是，这并不好使。如果用 logger: false 调用：

```
emergency_kittens(logger: false)
```

我们仍然会看到日志输出：

```
INFO -- Finding cuteness
INFO -- Downloading cuteness
INFO -- Cuteness written to /tmp/8783940371_87bbb3c7f1_b.jpg
```

出了什么问题呢？这其实与我们在第 3.13 节遇到的问题一样。由于 false 表示“假”，故 logger = options[:logger] || Logger.new（$stdout）会生成$stdout 日志，而非将其设置为 false。所以，原打算在日志属性为 false 时将其替换为/dev/null 的代码从未被触发过。

我们可以用 Hash#fetch 和代码块根据条件提供默认日志对象，从而修复该 bug。因为#fetch 仅当特定键缺失时才执行并返回代码块中的内容，所以显式地设置:logger 为 false 不会被覆盖。

```
logger = options.fetch(:logger) { Logger.new($stdout) }
if logger == false
  logger = Logger.new('/dev/null')
end
```

这次抑制日志输出生效了。用 logger: false 调用方法。

```
puts "Executing emergency_kittens with logging disabled..."
kitten_path = emergency_kittens(logger: false)
puts "Kitten path: #{kitten_path}”
```

这次不再有日志输出了：

```
Executing emergency_kittens with logging disabled...
Kitten path: /tmp/8794519600_f47c73a223_b.jpg
```

用代码块形式的#fetch 来为 Hash 键缺失时提供默认值，它比||操作符简洁，并且不容易因 false 值引发 bug。但我喜欢它不仅是这个原因，对我来说，代码块形式的#fetch 更明确地表达了“这便是默认值”。

3.14.5 可重用的#fetch 代码块 Reusable #fetch Blocks

在某些库中，相同默认值会一遍一遍地重复。在这种情况下，可以很方便地将默认值设为 Proc，然后将其用作每个#fetch 的默认值。

例如，我们将 emergency 库扩展到 puppies 和 echidnas 上，它们每个方法的默认日志对象是相同的。

```
def emergency_kittens(options={})
  logger = options.fetch(:logger){ Logger.new($stderr) }
  # ...
end

def emergency_puppies(options={})
  logger = options.fetch(:logger){ Logger.new($stderr) }
  # ...
end

def emergency_echidnas(options={})
  logger = options.fetch(:logger){ Logger.new($stderr) }
  # ...
```

```
end
```

这时，我们可将有关默认值的通用代码抽取到 Proc 中，并将其赋值给常量。然后便可用&操作符让#fetch 将 Proc 当做代码块，代码如下：

```
DEFAULT_LOGGER = -> { Logger.new($stderr) }

def emergency_kittens(options={})
  logger = options.fetch(:logger, &DEFAULT_LOGGER)
  # ...
end

def emergency_puppies(options={})
  logger = options.fetch(:logger, &DEFAULT_LOGGER)
  # ...
end

def emergency_echidnas(options={})
  logger = options.fetch(:logger, &DEFAULT_LOGGER)
  # ...
end
```

如果决定使用$stdout 而非$stderr 打印日志，只需改动一个地方，而无需到处搜索替换。

```
DEFAULT_LOGGER = -> { Logger.new($stdout) }
# …
```

3.14.6 双参数#fetch

Two-argument #fetch

如果你熟悉#fetch 的话，或许会好奇为什么这些例子都没使用两个参数形式的#fetch。也就是说，像下面这样不是使用代码块作为默认值，而是使用第二个参数。

```
logger = options.fetch(:logger, Logger.new($stdout))
```

这里以“立即求值”（不管是否需要）为代价，来避免执行代码块的少量性能开支。

我自己更倾向于使用代码块的形式，而非两个参数的形式。原因如下：假设我们实现的程序用两个参数的#fetch 来避免代码块的性能开销，因为默认值用了不止一次，我们将其提取到一个方法中。

```
def default
  42 # 最终答案
end

answers = {}
answers.fetch("How many roads must a man walk down?", default)
# => 42
```

随后，我们将#default 的实现改成一种性能代价更大的操作（比如要在返回前和远程服务通信）。

```
def default
  # …一些性能代价大的操作
end
```

```
answers = {}
answers.fetch("How many roads must a man walk down?", default)
```

default 值作为参数传给#fetch 时，无论是否需要，它总是会被执行。现在“昂贵”的#default 代码每次都会被执行，即使所求值已然存在。由于过早优化，现在每次用#deault 作参数反而导致了更大的性能问题。如果使用代码块的形式，昂贵的性能开销仅在真正需要的时候才会被触发。

这还不仅是性能消耗的问题。如果 default 方法中的代码有副作用呢（如向数据库插入数据）？我们的本意是仅在需要默认值的时候才执行这些有副作用的代码，但事实上，任何时候只要运行到调用它的那一行，它都会被执行。

对于 default 代码是否会变慢或有副作用，我宁愿不去考虑那么多。我习惯于使用代码块形式的#fetch，而非双参数的。如果不出意外，这将节省几秒用于选择#fetch 调用形式的时间。因为我经常使用#fetch，这些时间加起来可不是小数目。

3.14.7 小结 Conclusion

#fetch 除了可用于确保 Hash 元素的存在性，使用它来为缺失的 Hash 键提供默认值同样简单明了。这样做还能规避那些本来合法的 false 或 nil 所引发的 bug。用代码块来表示默认值，也就意味着默认值可被多个#fetch 方法所共享。也可把默认值作为#fetch 的第二个参数，不过这种做法优势并不明显，反而暗藏风险。

3.15 用断言验证假设 Document Assumptions with Assertions

3.15.1 使用场景 Indications

方法接收的输入来自外部系统（如银行交易数据），这类输入可能疏于文档记录，而且极不稳定。

3.15.2 摘要 Synopsis

在初次用到输入格式假设的地方，便用断言来加以验证。断言失败可以加深你对输入的理解，并且在输入格式发生变化时及时发出警告。

3.15.3 基本原理 Rationale

与外部系统那些不一致、不稳定、疏于文档记录的输入打交道时，断言的使用不但能验证我们的假设，而且能在外部输入发生变化时充当预警工具。

3.15.4 示例：导入银行记录 Example: Importing bank transactions

假设我们正在编写一款预算管理软件。有一个需求（user story）需要从第三方电子银行API中获取交易记录。从那些少得可怜的文档中得知，我们要使用Bank#read_transactions来加载交易记录。我们要做的第一件事便是将得到的交易记录缓存到本地存储中去。

```
class Account
  def refresh_transactions
    transactions = bank.read_transactions(account_number)
    # ... 现在怎么办呢?
  end
end
```

很不幸，文档并未说明#read_transactions 的返回数据。看起来像是 Array。但是，如果没有找到交易记录或者账户怎么办？此时是该抛出异常呢，还是返回 nil？这些也许可以从源码中找到答案，但是源码错综复杂，还可能忽略某些边界条件。

我们决定做一个简单的假设。为谨慎起见，我们选择用断言对假设加以验证。

```
class Account
  def refresh_transactions
    transactions = bank.read_transactions(account_number)
    transactions.is_a?(Array) or raise TypeError, "transactions is not
an Array"
    transactions.each do |transaction|
      # ...
    end
  end
end
```

通常，我们将对象类型检查视为代码坏味道（code smell），但是，就现在的情况而言，还是努力抓住每根救命稻草为好。在代码边界处，我们对输入数据的把握越准确，后期协作就越放心。

经测试，断言并未失败，看起来我们的假设是对的。接下来着手从单条记录中提取金额。

向一位有经验的同事打听交易记录的数据格式是什么，她认为这些是用字符串作键的 Hash。我们决定尝试性地去查探 amount 键。

```
transactions.each do |transaction|
  amount = transaction["amount"]
end
```

很快就发现，如果没有 amount 键，我们得到的将是 nil。我们得对所有使用 amount 的地方进行存在性检查。我们倾向于更加明确地验证假设。用 Hash#fetch 作断言，代码如下：

```
transactions.each do |transaction|
  amount = transaction.fetch("amount")
end
```

正如我们在第 3.13 节见到的那样：如果特定的键缺失，Hash#fetch 就会抛出 KeyError 错误，这表明我们对 Bank API 的假设有误。

经测试，没有得到任何异常。但在将值保存到本地之前，我们希望确保交易金额是本地存储能理解的格式。整个办公室里没有一个人清楚得到的金额到底是什么格式。我们知道许多金融系统都用美分（整数）来存储美元，所以假设该系统也是这样。为了证实我们的假设，又做了另一个断言，代码如下：

```
transactions.each do |transaction|
  amount = transaction["amount"]
  amount.is_a?(Integer) or raise TypeError, "amount not an Integer"
end
```

对以上代码进行测试，结果得到了如下错误。

```
TypeError: amount not an Integer
```

接下来进入debug模式，通过分析API返回的交易数据，我们得到了如下数据：

```
[
  {"amount" => "1.23"},
  {"amount" => "4.75"},
  {"amount" => "8.97"}
]
```

有点意思，看起来 Bank 系统用的是浮点数字符串表示金额。因为我方内部交易记录类用整数表示金额，我们决定也将浮点数字符串转换成整数。

```
transactions.each do |transaction|
  amount = transaction.fetch("amount")
  amount_cents = (amount.to_f * 100).to_i
  # ...
end
```

又一次，刚写完代码我们就开始质疑它了。记得#to_f 对待解析数字很宽松，下面的例子便可证明所言非虚。

```
"1.23".to_f          # => 1.23
"$1.23".to_f         # => 0.0
"a hojillion".to_f   # => 0.0
```

仅几个小例子，便让我们开始担心#to_f 能否理解 API 返回的金额格式。如果返回负数该怎么办？返回的格式是类似于“4.56”还是“(4.56)”？#to_f

碰到不认识的值时，会将其转换为零，这会给今后的开发留下不少 bug。

再一次，我们希望找到一种方式来避免输入处于不确定状态。这次，我们使用 Kernel#Float 这个强制类型转换方法（参见第 3.6 节）作为金额格式的断言，用于确保金额被转换成浮点数，代码如下：

```
transactions.each do |transaction|
  amount = transaction.fetch("amount")
  amount_cents = (Float(amount) * 100).to_i
  cache_transaction(:amount => amount_cents)
end
```

相比 String#to_f，Kernel#Float 更加严格。

```
Float("$1.23")
# ~> -:1:in `Float': invalid value for Float(): $1.23" (ArgumentError)
# ~> from -:1:in `<main>'
```

最终代码充满断言，但这是必需的：

```
class Account
  def refresh_transactions
    transactions = bank.read_transactions(account_number)
    transactions.is_a?(Array) or raise TypeError, "transactions is
not an Array"
    transactions.each do |transaction|
      amount = transaction.fetch("amount")
      amount_cents = (Float(amount) * 100).to_i
      cache_transaction(:amount => amount_cents)
    end
  end
```

```
end
```

该代码清楚地表明了自己的假设。它包含了大量我们对外部 API 的理解信息。它显式地建立起了一系列可放心使用的参数，一旦输入与预期不符，就会及时报错，同时带有明确的异常信息。

及时报错而非纵容无效输入污染整个系统，可以减少类型检查和强制类型转换的使用。这些代码不仅现在验证了我们的假设，而且建立了一套预警机制，以预防未来某天第三方 API 意外的变化。

3.15.5 小结 Conclusion

以前我们使用鸭子类型，相信输入都符合我们的预期，而不必担心其内部结构。现在我们知道，只有当输入可控时（比如你就是开发者，或者你得到了对方负责人的确认），才能放心地使用鸭子类型。

有时候，我们不得不和不可控且疏于文档记录的第三方系统打交道。我们对第三方提供的数据格式知之甚少，甚至对数据一致性也毫无把握。这时，最好有这样一种方式来表明我们的假设：假设出错时，可以立即知晓。

通过在入口处利用断言表明假设，我们永久地记录了对输入数据的假设。这样我们便保护了内部代码免受外部输入的干扰。与此同时，我们还建立了一套预警机制，一旦我们对外部系统的假设过期，就及时警告我们。

3.16 用卫语句来处理特殊场景 Handle Special Cases with a Guard Clause

> 如果使用 if-else 结构，那么其实你赋予了 if 和 else 相同的重要性，并且暗示读者：这两个分支可能性相近且同等重要。与之相反，卫语句则强调：这是特殊情况，如果发生了，稍作处理退出即可。
>
> ——Jay Fields，《重构（Ruby 版）》作者

3.16.1 使用场景 Indications

在某些特定情况下，整个方法体都该被忽略。

3.16.2 摘要 Synopsis

在特殊情况下，用卫语句可让逻辑提前从方法中返回。

3.16.3 基本原理 Rationale

迅速处理特殊情况，使整个方法体免于特殊情况处理的干扰。

3.16.4 示例："静音模式"标志 Example: Adding a "Quiet Mode" Flag

前面我们引入了#log_reading 方法：

```
def log_reading(reading_or_readings)
  readings = Array(reading_or_readings)
  readings.each do |reading|
   # 实际情况可能是将读数发送到一个日志服务器中
    puts "[READING] %3.2f" % reading.to_f
  end
end
```

该方法的作用是以“[READING]时间戳”为前缀的这种特殊格式记录设备上的读数。

假设我们希望该软件可以在“静音模式”下运行，即不用记录任何读数。于是决定加上@quite 标志。

```
def log_reading(reading_or_readings)
  unless @quiet
    readings = Array(reading_or_readings)
    readings.each do |reading|
      puts "[READING] %3.2f" % reading.to_f
    end
  end
end
```

这样的代码本身并没什么大问题。但是，每多一层条件语句嵌套都将给读者带来额外的阅读负担。本例中，是否处于“静音模式”，与方法核心逻辑关系不大。该方法的核心功能在于如何记录日志，即如何格式化，以及将其记录到哪里。从这个意义上讲，此处的@quiet...end 代码块扰乱了代码，同时还易使人分心。

下面将 unless 代码块改成卫语句版本：

```
def log_reading(reading_or_readings)
  return if @quiet
  readings = Array(reading_or_readings)
  readings.each do |reading|
   puts "[READING] %3.2f" % reading.to_f
  end
end
```

读者（也包括计算机）需要留意@quite 的情况，我们将@quiet 检查放在了最显眼的方法的开始部分。这样，各种特殊情况都被考虑到了：要么继续执行，要么尽早止步。我们把方法的核心部分放到重要位置(方法的中上部分)，而不是掺杂于异常情况检测中。

3.16.5 提前返回

Put the Return First

我们也可像这样来表达前面的卫语句：

```
def log_reading(reading_or_readings)
  if @quiet then return end
  # ...
end
```

两种表达方式逻辑上都没错，但是，我更喜欢前一种。

提前返回让读者印象深刻。无法引起重视的返回很大程度上会影响读者对方法逻辑的理解。因此，在任何可能提前返回的地方，我都喜欢将 return 放在最显眼的位置。我想强调：注意该方法可能提前返回！这是触发提前返回的条件。

3.16.6 小结 Conclusion

某些特殊情况需要尽早处理，但有些特殊情况又没必要让其凌驾于整个方法逻辑之上。用卫语句快速处理特殊情况，可使整个方法体免于特殊情况处理的干扰。

3.17 用对象表示特殊场景
Represent Special Cases as Objects

变量为 null 时，你得考虑对 null 的测试。唯有如此，方可确保出现 null 时逻辑仍然正确。但在很多情况下，这些含 null 的逻辑又是相同的，最终导致类似的代码到处出现，致使你陷入代码重复的深渊。

——Martin Fowler，《企业应用架构模式》作者

3.17.1 使用场景
Indications

程序多处都需要考虑某个特殊场景，例如web应用根据用户不同登录状态而展现不同的行为。

3.17.2 摘要
Synopsis

用对象来表示特殊场景，然后利用多态自动进行特殊场景处理。

3.17.3 基本原理
Rationale

利用多态分发机制，消除代码重复。

3.17.4 示例：游客用户
Example: A Guest User

多用户系统中，特别是web应用，常有这样的现象：特定功能只对登录用

户开放，而部分公共功能则对所有用户开放。在人机交互过程中，经常需要考虑当前用户的登录状态。

例如，在session存入变量。下面便是Ruby on Rails应用中#current_user方法的典型实现。

```
def current_user
  if session[:user_id]
    User.find(session[:user_id])
  end
end
```

该代码会在当前 session（实际存储在用户浏览器的 cookies 里）中查找:user_id，如果找到，便用它去数据库中查找 User 对象；否则，便返回 nil（不带 else 分支的 if 条件语句失败时默认返回值 nil）。

下面便是#current_user 的典型应用场景：先判断其返回值，若非空，则使用；否则，插入占位符：

```
def greeting
  "Hello, " + current_user ? current_user.name : "Anonymous" + ", how
are you today?"
end
```

在另一些情况下，应用逻辑根据用户的不同登录状态变化。

```
if current_user
  render_logout_button
else
  render_login_button
end
```

此外，程序逻辑还可能依赖于用户的特定权限：

```
if current_user && current_user.has_role?(:admin)
  render_admin_panel
end
```

有些代码还可能这样使用#current_user：根据其存在性来调整显示的信息。

```
if current_user
  @listings = current_user.visible_listings
else
  @listings = Listing.publicly_visible
end
# …
```

程序也可能修改当前用户的属性值：

```
if current_user
  current_user.last_seen_online = Time.now
end
```

最后程序还可能会更新当前用户的关联资源。

```
cart = if current_user
  current_user.cart
else
  SessionCart.new(session)
end
cart.add_item(some_item, 1)
```

上面的例子都有这样一个共同特征：不确定#current_user 到底是返回用户对象，还是 nil。因此，对 nil 的检测一次又一次肆意地重复着。

3.17.5 用特例对象来表示当前用户 Representing Current User as a Special Case Object

我们不再将匿名用户表示成 nil，而是用一个类来表示它，取名为 GuestUser。

```
class GuestUser
  def initialize(session)
    @session = session
  end
end
```

下面改进#current_user 方法，让它在没有:user_id 时返回 GuestUser 对象。

```
def current_user
  if session[:user_id]
    User.find(session[:user_id])
  else
    GuestUser.new(session)
  end
end
```

针对程序用到用户对象#name 属性的场景，我们也给 GuestUser 加上对应的#name 属性，代码如下：

```
class GuestUser
  # ...
  def name
    "Anonymous"
  end
end
```

这样，greeting 方法的代码变得漂亮多了。

```
def greeting
  "Hello, #{current_user.name}, how are you today?"
end
```

针对根据用户登录状态来切换“登录”和“注销”按钮的情况，我们无法移除条件从句，不过可以给 User 和 GuestUser 都加上#authenticated?断言方法。

```
class User
  def authenticated?
    true
  end
  # ...
end

class GuestUser
  # ...
  def authenticated?
    false
  end
end
```

使用断言后，条件从句的意图清晰多了：

```
if current_user.authenticated?
  render_logout_button
else
  render_login_button
end
```

接下来把目光投向下一个关注点：检测用户是否有 admin 权限。给 GuestUser 添加#hash_role?方法，由于匿名用户无任何特权，因此，对于任何参数，该方法都返回 false。

```
class GuestUser
  # ...
  def has_role?(role)
    false
  end
end
```

简化后的角色检查代码如下：

```
if current_user.has_role?(:admin)
  render_admin_panel
end
```

接下来，针对根据用户的登录状态来调整@listings 的情况，我们给 GuestUser 加上#visible_listings 方法，让其简单地返回公共资源列表。

```
class GuestUser
  # ...
```

```
  def visible_listings
    Listing.publicly_visible
  end
end
```

先前的代码被简化成单行形式，代码如下：

```
@listings = current_user.visible_listings
```

为了让GuestUser完全被作为普通用户对待，我们给它加上不做事的属性setter方法。

```
class GuestUser
  # ...
  def last_seen_online=(time)
    # NOOP
  end
end
```

这又简化了另一个条件语句：

```
current_user.last_seen_online = Time.now
```

特定场景下，一个特例对象还可能引用另一个特例对象。为了给尚未登录的游客用户也加上购物车，我们让 GuestUser 的 cart 属性返回先前的SessionCart对象。

```
class GuestUser
  # ...
```

```
  def cart
    SessionCart.new(@session)
  end
end
```

调整后，往购物车加商品的代码也变成了单行形式：

```
current_user.cart.add_item(some_item, 1)
```

最终版的 GuestUser 如下：

```
class GuestUser
  def initialize(session)
    @session = session
  end

  def name
    "Anonymous"
  end

  def authenticated?
    false
  end

  def has_role?(role)
    false
  end

  def visible_listings
    Listing.publicly_visible
  end
```

```
  def last_seen_online=(time)
    # NOOP
  end

  def cart
    SessionCart.new(@session)
  end
end
```

3.17.6 小步改进

Making the Change Incrementally

前面的例子中，我们提取的特例对象全面代表了匿名用户，系统中能用真实对象的地方都能用该特例对象。

很多时候，需要同时考虑登录和未登录情况，如果需要，甚至包括关联对象（如 SessionCart）。

本书这部分讲的是方法输入处理，但我们却着重强调了重新设计（redesign）——会影响多个关联方法的重新设计，这是否有点偏题呢？

方法构建和对象设计并非两个完全独立的领域。它们更像跳舞，任意一方的舞步都将影响舞伴的节奏。对象设计反映在方法上，而方法构建又反过来驱动更优的对象设计。

这里我们提取出一个适用于多个方法的通用角色——用户，同时意识到用户未登录并不意味着没有用户，而是表示我们面临的是一种特殊的匿名用户。这一发现促使我们从方法构建层面回到对象设计中去。我们把登录用户和游客用户之间的区别，从个体方法层面提取到类层面的抽象中去。通过着眼于方法层面的代码实现，我们最终得到了更好的领域对象设计。

这样的改进并非一蹴而就的，而是一般先在单个方法中进行，如果时间允许或新需求给了我们足够的理由，则将其推广到其他代码中去。下面来看看如何一步步实现。

下面将以#greeting 为例，其最初代码如下：

```
def greeting
  "Hello, " + current_user ? current_user.name : "Anonymous" + ", how
are you today?"
end
```

我们清楚，要打交道的角色是用户（无论登录与否），并且不想在代码清晰度和优雅度方面妥协。但是，我们还没准备好将整个代码库从 nil 检测迁移到新的 GuestUser 上去，因此决定只在此处使用新类。下面便是引入 GuestUser 后的代码：

```
def greeting
  user = current_user || GuestUser.new(session)
  "Hello, #{user.name}, how are you today?"
end
```

在《修改代码的艺术》一书中，Michael Feathers 称这种引入新类的技巧为“催生新类”。

GuestUser 现在有了落脚点，而#greeting 则变成了重新设计的实验基地。如果满意 GuestUser 在此处的表现，则可推广到其他类似的代码中去。最终，将 GuestUser 对象的创建移到#current_user 去，正如前面看到的，这样可以避免 GuestUser 对象的创建零散地分布在各处。

3.17.7 保持特例对象和普通对象的同步 Keeping the Special Case Synchronized

注意，特例对象并非没有缺点。要想特例对象可被用于所有使用普通对象的地方，那么它们的接口则需保持同步。

对于简单接口，只要勤于更新特例类，外加覆盖一般场景和特殊场景的集成测试就够了。

对于比较复杂的接口，最好让普通类和特例类共享同一个测试套件，以便保障它们响应相同的方法集。RSpec 中，shared example group 便是一种测试覆盖共享接口的方式。

```
shared_examples_for 'a user' do
  it { should respond_to(:name) }
  it { should respond_to(:authenticated?) }
  it { should respond_to(:has_role?) }
  it { should respond_to(:visible_listings) }
  it { should respond_to(:last_seen_online=) }
  it { should respond_to(:cart) }
end
describe GuestUser do
  subject { GuestUser.new(stub('session')) }
  it_should_behave_like 'a user'
end
describe User do
  subject { User.new }
  it_should_behave_like 'a user'
end
```

显然，这里并未覆盖方法的实现内容，但方法在某个类中意外地被删除时，它可起到提示作用。

3.17.8 小结 Conclusion

若多处都考虑同一特殊场景，则将导致 nil 检测不断地重复。这些没完没了的对象存在性检查将代码弄得一团糟，并且非常容易因漏掉某个 nil 检测而引入 bug。

使用特例对象，便将普通场景和特殊场景的区别集中到了统一的地方，然后多态会确保自会有正确的代码会被执行。这样一来，最终产品代码将更清晰和简要，同时职责划分也更合理。

根据输入是否为 nil 来控制状态变迁，可以看成一种警告信号：特例对象或许是一种更好的解决方案。为了避免条件语句，我们可引入类来表示特殊场景，然后在当前方法中做试点。一旦创建好了特例类，并且确信它可优化代码的流程和组织结构，便可重构更多方法，让其使用特例对象而非条件语句。

3.18 用空对象表示不做事的情况
Represent Do-nothing Cases as Null Objects

如果被征召，我不会参选；如果被提名，我不会接受；如果被选上，我不会就职。

—— 威廉·特库姆塞·舍曼将军[10]

3.18.1 使用场景
Indications

方法输入可能为 nil，而 nil 代表特殊情况，对这一特殊情况的应对策略就是什么都不做——忽略输入，不再进行正常逻辑操作。例如，方法有一个可选的 logger 参数，如果它为 nil，则方法不执行任何日志操作。

3.18.2 摘要
Synopsis

用特例对象 Null Object 代表 nil，它拥有和普通对象相同的接口，但它只响应消息而不进行任何操作。

3.18.3 基本原理
Rationale

将“无为”（do nothing）这一特殊情况封装在它应该隶属的对象里，可以减少 nil 检测，同时也提供了一套仿真与外界服务交互的快捷方式，如测试、试运行（dry run）、“静音模式”或离线操作等。

[10] 舍曼式声明，又称谢尔曼式宣言，是一句美国政治短语，源于威廉·特库姆塞·舍曼将军所发的宣言。一般以此宣言作为绝对不参选的依据。

3.18.4 示例：输出日志到 shell 命令行 Example: Logging Shell Commands

下面这段代码来自于自动化视频编码器 FFMPEG[11]库。

```
class FFMPEG
  # ...
  def record_screen(filename)
    source_options    = %W[-f x11grab]
    recording_options = %W[-s #{@width}x#{@height} -i 0:0+#{@x}#{@y}
-r 30]
    misc_options      = %W[-sameq -threads #{@maxthreads}]
    output_options    = [filename]

    ffmpeg_flags =
      source_options +
      recording_options +
      misc_options +
      output_options

    if @logger
      @logger.info "Executing: ffmpeg #{ffmpeg_flags.join(' ')}"
    end
    system('ffmpeg', *ffmpeg_flags)
  end
end
```

在执行 ffmpeg 命令之前，代码将待执行的命令以日志形式输出。但是，因为只有在定义了 logger 后才能输出，所以先检测是否存在 logger。

---

11 FFMPEG 是一款自由软件，可以进行音频和视频的录制、转换，它包含 libavcodec 音频和视频解码器库，以及 libavformat 音频与视频格式转换库。详见：http://zh.wikipedia.org/wiki/FFmpeg。

如果每次输出日志都检测logger的存在性，将致使代码凌乱不堪。更糟糕的是，在多次进行 logger 存在性检测后可能就懈怠了，因为每次都得为此付出额外的精力。

可能有多种不同类型的 logger 对象：

- 输出到标准错误输出（STDERR）的 logger;
- 输出到文件的 logger;
- 输出到中心服务器的 logger。

它们虽然都有自己的实现，但共享了相同的接口。它们都实现了#debug、#info、#warn、#error、#fatal 这些不同级别的日志输出方法。无论底层实现是什么，我们的代码均可无差异地与其交互。

从另一个角度来看，nil 也算是 logger 的一种特例。意识到这一点后，我们想到用于特殊场景的模式（参见第 3.17 节）或许也可以应用于此。

```
class NullLogger
  def debug(*) end
  def info(*) end
  def warn(*) end
  def error(*) end
  def fatal(*) end
end
```

NullLogger 类实现了 logger 的所有接口，但不是将日志输出到设备上，而是简单地接受参数却不做任何处理。我们可将 NullLogger 对象用于FFMPEG 中@logger 的默认值。

```
class FFMPEG
  def initialize(logger=NullLogger.new) end
end
```

现在，输出命令日志那一行不再需要 if 语句了：

```
# ...
@logger.info "Executing: ffmpeg #{ffmpeg_flags.join(' ')}"
system('ffmpeg', *ffmpeg_flags)
```

在当前的特殊场景下，对 logger 缺失的特殊处理便是不做任何事。这里，我们需要一个不做任何事的特例对象，因它极其通用，因此有它自己的名称：空对象模式。“空对象实现了原型对象相关接口，只是这些方法的实现是不做任何事或返回恰当的默认值而已。”（摘自 Kevlin Henney 的论文《Null Object: Something for Nothing》）

3.18.5 通用空对象 Generic Null Object

实现了几个空对象接口后，我们可能会厌倦为每个空对象都定义它该响应的消息。Ruby 是一门动态性极强的语言，因而实现通用空对象并非难事：让 #method_missing 响应任何消息而不做事即可。

```
class NullObject < BasicObject
  def method_missing(*)
  end

  def respond_to?(name)
    true
```

```
  end
end
```

这里有两点需要引起注意：首先，该类继承了 BasicObject，与其他厚重对象不同，它只定义了八个方法（至少在 Ruby 1.9.3 中如此），这样保证了不做事的#method_missing 方法可以拦截到发向对象的任何消息。

其次，我们还自定义了 respond_to?断言方法，无论接到任何消息，它都返回 true，因为该对象确实会响应任何消息，所以并无不妥。

通用 NullObject 类可以用来替换 NullLogger 类，以及用于任意其他需要空对象的地方。

3.18.6 穿越事界[12]

Crossing the Event Horizon

对于 logger 这个例子，我们现在定义的 Null Object 已够用了。下面再来看看另外一个场景：假设有一个方法用于创建 HTTP 请求，同时收集一些参数。

```
def send_request(http, request, metrics)
  metrics.requests.attempted += 1
  response = http.request(request)
  metrics.requests.successful += 1
  metrics.responses.codes[response.code] += 1
  response
rescue SocketError
  metrics.errors.socket += 1
  raise
```

[12] 译注：《The Event Horizon》是 milulu48 创作的网络小说。事界是指空间的界限，在事界两边的人都无法看到对方的世界。详见：http://dwz.cn/2idBNU。

```
rescue IOError
  metrics.errors.io += 1
  raise
rescue HTTPError
end
```

这段代码极度依赖 metrics 对象，且嵌套层次颇深。例如，那行统计套接字错误的代码（metrics.errors.socket += 1）就涉及四次消息发送：

1. metrics 接收.errors 消息。
2. 前面返回的对象 errors 接收.socket 消息。
3. 前面返回的对象 socket 接收.+（1）消息。
4. 第二步返回对象 socket 接收.socket=（参数为自增后的值）。

我们并非所有时候都想收集这些参数，或许仅在打开“诊断模式”时才需收集。那其他时候怎么办呢？不妨尝试用 Null Object 去替换 metric 对象：

```
def send_request(http, request, metrics=NullObject.new)
# …
```

这行不通。第一层方法调用倒还好，一旦在第一层空方法返回值上再调用方法（如 metrics.errors.socket），便会抛出 NoMethodError 异常。这是因为这些空方法的返回值总是 nil（Ruby 空方法的返回值总是 nil），而 nil 是不会响应#socket 方法的。

我们又回到了原点：发消息之前需要检测对象是否为 nil。

我们需要做的便是对 NullObject 稍作调整。这次，不再是返回默认的 nil，#method_missing 将返回 self。self 自然是指 NullObject 对象自己。

```
class NullObject
  def method_missing(*)
    self
  end
  # ...
end
```

来看看该方案是如何解决前面 metrics.errors.socket 问题的：

1. NullObject对象metrics接收.errors，然后返回对象自身（也是空对象）。
2. 接收.socket，返回对象自身。
3. 接收+（1），返回对象自身。
4. 以此类推。

通过返回自身，给予了 NullObject“无限可能”：无论连续调用多少层方法，它都一如既往地返回自身而不做任何操作。这种变异后的 Null Object，有人称之为“空对象黑洞”。

“黑洞”很有用，同时也很危险。因为它们的工作方式极具“传染性”，在一个方法返回基础上调用另外的方法，容易侵入我们本不希望它们涉足的区域，并且让这里的代码悄然失效。有时，它们可导致那些本该抛出异常的地方悄然失败，还有一些时候，它们还能引发非常诡异的行为。

下面的例子中的方法用可能为 nil 的数据存储来创建新记录。

```
def create_widget(attributes={}, data_store=nil)
  data_store ||= NullObject.new
  data_store.store(Widget.new(attributes))
end
```

假设向真实数据存储对象发送#store 消息将返回被存储的对象，客户端代码可能会通过#create_widget 方法的返回值来获取被存储对象的引用。

下面客户端代码中的 data_store 为 nil（可能是意外造成的），然后持有#create_widget 的返回值。

```
data_store # => nil
widget = factory.create_widget(widget_attributes, data_store)
```

现在客户端代码手里的便是一个“空对象黑洞”了，随后，它便向 widget（实际上是空对象）要关联的 manifest。

现在 manifest 也指向空对象了，此后不久，另外某个客户端代码又会根据 manifest 上的字段来做决定。

```
if manifest.draft?
  notify_user('Manifest is a draft, no widget made')
end
# ...
if manifest.approved?
  manufacture_widget(widget)
end
```

上面的 if 从句均为 true，因为对“空对象黑洞”来说，任何方法都返回它自身——非 nil 的、非 false 的（non-false）对象，就 Ruby 而言，该“黑洞”是“truth”。如此一来，客户端开发人员发现自己遇上了一个令其相当吃惊的现象：看起来 widget 的 manifest 同时为“draft”和“approved”的状态。若想找到造成此现象的根源也并非易事，因为现在离最初使用空对象的地方已相隔甚远。

正因为有这些危险，所以引入“空对象黑洞”时，我们才要格外小心。具体来说，我们要确保“空对象黑洞”永远不会“泄露”到对象库或“对象社区”（object neighborhood）外面去。如果某公共 API 方法可能返回空对象，则应该在返回之前将其转回到 nil 去。为了方便起见，我们为其定义了一个特殊的转换方法，代码如下：

```
# 返回参数或nil，千万别返回NullObject对象
def Actual(object)
  case object
  when NullObject then nil
  else object
  end
end

Actual(User.new) # => #<User:0x00000002218d18>
Actual(nil) # => nil
Actual(NullObject.new) # => nil
```

任何时候，若方法为公共 API，且其返回值还可能会被用到，都使用 Actual()来过滤一遍，以防空对象泄露。

```
def create_widget(attributes={}, data_store=nil)
  data_store ||= NullObject.new
  Actual(data_store.store(Widget.new(attributes)))
end
```

3.18.7 让空对象返回 false
Making Null Objects Falsey

NullObject 非常像 Ruby 原生 NillClass 的一个变体，既然如此，不妨让它

像 NillClass 一样返回 false。我们试图用几个方法来达成这一目的：

```
class NullObject < BasicObject
  def method_missing(*)
  end

  def respond_to_missing?(name)
    true
  end

  def nil?
    true
  end

  def !
    true
  end
end
```

现在 NullObject 上调用 nil?，它便和 NillClass 一样返回 true 了。

```
nil.nil?              # => true
null = NullObject.new
null.nil?             # => true
```

并且在空对象上使用双重否定，和 nil 一样，它也返回 false。

```
!!null # => false
```

但最终目标还得看它在条件从句中的表现，如下面的例子就和 NilClass[13] 不一样。

```
null ? "truthy" : "falsey" # => "truthy"
```

不管怎样，我们都不能如愿：Ruby 不允许自定义 falsey 对象，如你所想，它也不允许对象继承自 NillClass。这时，我们留下了一个很不"靠谱"的类：它声称自己为 nil，取反后为 true，但在条件从句中它既不像 false 也不像 nil。

最好的选择是：不再强制 NullObject 表现得像 NilClass 一样，而是记住空对象的初衷是避开条件从句。我们无需检测一个变量是否为空对象，而是直接使用它，相信空对象会老老实实地接收我们所发送的消息而不进行任何操作。

如果必须检测变量是否为空对象，可以像前面转换方法一样将其转回到 nil。

```
if Actual(metrics)
  # 仅当真正的metrics存在时，才进行某操作
end
```

3.18.8 小结 Conclusion

因为能消除杂乱的条件从句，所以用特例对象来表示"无为"（do nothing）便成为一种强有力的代码清理方式。Ruby 为我们提供了这样的灵活性：既能很方便地实现特定空对象，用于模仿特定接口；也能实现通用的空对

[13] 译注：Ruby 中的 NilClass、TrueClass、FalseClass 是非常特殊的类，在 Ruby 内部它们被直接定义为单例类，并且移除了 new 方法，这就保证了 nil、true、false 这三个对象的全局唯一性。具体细节可以参考相关 Ruby 源码。

象，用于各种场景。然而，必须记住的是，空对象可能让那些没有心理准备的客户端开发人员大吃一惊。另外，无论我们怎么努力尝试让空对象表现接近Ruby原生的nil，包括在“false”方面的表现，最终发现苦苦追寻的是一条死胡同。

3.19 用良性值替代 nil
Substitute a Benign Value for Nil

3.19.1 使用场景
Indications

未提供可选的输入项，例如，社团成员的个人地理位置信息可能并非总是可用。

3.19.2 摘要
Synopsis

用无副作用的良性值来替代缺失的参数。

3.19.3 基本原理
Rationale

良性占位符可消除那些烦人的可选参数存在性检测。

3.19.4 示例：显示会员地理位置信息
Example: Displaying Member Location Data

假设我们在实现一个针对书籍爱好者的系统应用，其核心功能是帮助生活在同一城市的读者见面，即所谓的“书友会”。

组织者可以通过系统导出组内成员报表，报表以表格形式呈现成员名称、照片、大概位置（便于找出相对所有成员居中的见面地点）。

下面便是遍历报表中的每个成员的方法：

```
def render_member(member)
  html = ""
  html << "<div class='vcard'>"
  html << " <div class='fn'>#{member.fname} #{member.lname}</div>"
  html << " <img class='photo' src='#{member.avatar_url}'/>"
  location = Geolocatron.locate(member.address)
  html << " <img class='map' src='#{location.map_url}'/>"
  html << "</div>"
end
```

该方法的主要功能就是将会员信息嵌入到 html 中去。唯一的例外便是会员位置信息，在渲染地理位置前，先以会员地址为参数去调用 Geolocatron 服务，从而得到位置对象。

不幸的是，我们发现获取地理位置对象这行代码并不是很靠谱：它时不时地返回 nil，而非位置对象。这可能是因为会员地址难以识别，或者后台服务出了故障。无论哪种原因，只要它返回 nil，紧接着的那行代码都会因为试图在 nil 上调用 map_url 而崩溃。

显示成员地图并非必需的，而是锦上添花。即使个别成员地图不能正常显示，我们还是希望继续渲染其他成员的信息。有以下几种方式可以解决这个问题：

一种方式是将不确定代码用 begin/rescue/end 包起来。

```
def render_member(member)
  html = ""
  html << "<div class='vcard'>"
  html << " <div class='fn'>#{member.fname} #{member.lname}</div>"
  html << " <img class='photo' src='#{member.avatar_url}'/>"
  begin
    location = Geolocatron.locate(member.address)
```

```
    html << " <img class='map' src='#{location.map_url}'/>"
  rescue NoMethodError
  end
  html << "</div>"
end
```

另一种方式是在 location 对象使用前进行存在性检查。

```
def render_member(member)
  html = ""
  html << "<div class='vcard'>"
  html << " <div class='fn'>#{member.fname} #{member.lname}</div>"
  html << " <img class='photo' src='#{member.avatar_url}'/>"
  location = Geolocatron.locate(member.address)
  if location
    html << " <img class='map' src='#{location.map_url}'/>"
  end
  html << "</div>"
end
```

就程序流畅度而言，上面两种方案都是有问题的。成员地图是非必需的，属于#render_member 方法的次要任务。但是，无论是 begin/rescue/end 还是 if 从句都把大量精力放在了 location 缺失的可能性上。这样的代码正如“爱哭的小孩有糖吃[14]”一样：它可能并非方法最重要的部分，但却得到了诸多特殊关照，以至于让其他部分都显得无足轻重了。

[14] 译者：源自俚语 The squeaky wheel gets the grease。对应中文俗语：“只有吱吱叫的轮子才会被上油”，或“爱哭的孩子有糖吃”，因后者更知名，故选用后者。

3.19.5 无害就好

If you're benign, you'll be fine!

如果不再对 location 的缺失加以特殊关照，而是为其提供备用数据会怎么样呢？不妨用组内成员所在城市区域的 location 来作为备用数据。既然到了这一步，顺便将 location 查找的代码移到方法开始部分，这样便不会破坏渲染 HTML 文本的节奏感了。

```
def render_member(member, group)
  location = Geolocatron.locate(member.address) ||
  group.city_location
  html = ""
  html << "<div class='vcard'>"
  html << " <div class='fn'>#{member.fname} #{member.lname}</div>"
  html << " <img class='photo' src='#{member.avatar_url}'/>"
  html << " <img class='map' src='#{location.map_url}'/>"
  html << "</div>"
end
```

该版中，如果某个成员的位置信息识别失败，便显示整个城市的地图。这便是一个“良性占位符”的例子——用无副作用的对象替补缺失的输入。

你或许已发现这和 Null Object 的例子（参见第 3.18 节）差不多，实际上，空对象和“良性占位符”之间的区别确实有点模糊。空对象表示的是语义上的空行为——不做事的指令，返回零、空字符串或 nil 的查询。然而，对于良性占位符而言，正如 location 替补的例子，是有相关数据存在的，它不属于 null location，它是一个无副作用的 location，理论上不会给系统带来任何麻烦。

3.19.6 小结
Conclusion

有时候信息缺失并没有什么大不了的。如果所需数据并不必要，我们可用无副作用的良性占位符数据来顶替，继续前行，而非在数据缺失的地方纠缠、逗留。

3.20　用 symbols 做占位符 Use Symbols as Placeholder Objects

3.20.1　使用场景 Indications

由于调用方式的不同，可选输入可能会被用到，也可能根本用不到。例如，一个和 web API 交互的方法接收一个可选的用户认证参数，但是仅当需要认证时才会被用到。

3.20.2　摘要 Synopsis

用更具语义的 symbol 而非 nil 作为可选参数的占位符。

3.20.3　基本原理 Rationale

巧用占位符将抛出具有语义的、易于分析的错误。

3.20.4　示例：web service 可选认证 Example: Optionally Authenticating with a Web Service

下面的方法用于从 web 服务上取得组件（widgets）列表。该服务带有一些附加限制条件：未认证的用户一次最多只能取 20 条记录；如果想一次获得多于 20 的记录，则必须提供用户名和密码才行。

```
def list_widgets(options={})
  credentials = options[:credentials]
```

```
  page_size = options.fetch(:page_size) { 20 }
  page = options.fetch(:page) { 1 }
  if page_size > 20
    user = credentials.fetch(:user)
    password = credentials.fetch(:password)
    url = "https://#{user}:#{password}@" +
    "www.example.com/widgets?page=#{page}&page_size=#{page_size}"
  else
    url = "http://www.example.com/widgets" +
    "?page=#{page}&page_size=#{page_size}"
  end
  puts "Contacting #{url}..."
end
```

为了方便使用，只有请求的:page_size大于20时，方法才会生成带有认证信息的URL。如此一来，只要请求page_size不大于默认页面大小（20），客户端开发人员便无需考虑认证信息。

以无参方式调用方法，则使用默认页面大小。

```
list_widgets
Contacting http://www.example.com/widgets?page=1&page_size=20…
```

以较大 page_size 和认证资格为参数去调用方法，则使用带认证资格的URL。

```
list_widgets(
  page_size: 50,
  credentials: {user: 'avdi', password: 'xyzzy'})

Contacting https://avdi:xyzzy@www.example.com/
```

```
widgets?page=1&page_size=50…
```

但是，若使用较大 page_size，却不提供认证参数，会怎样呢？

```
list_widgets(page_size: 50)
```

这时，我们得到了一个令所有 Ruby 开发人员心烦意乱的错误：晦气的 undefined method … for nil:NilClass 错误。

```
-:9:in `list_widgets': undefined method `fetch' for nil:NilClass
(NoMethodError)
from -:20:in `main'
from -:22:in `<main>'
```

为何我们对异常如此焦虑呢？因为从经验来看，我们遇到了令开发人员最沮丧的事：找 nil！

3.20.5 都是 nil 惹的祸 The Trouble with nil

nil 之所以如此麻烦，是因为产生 nil 的方式太多了。下面仅举几例。

键不存在时，Hash 默认返回 nil：

```
h = {}
h['fnord'] # => nil
```

当然，也不仅限于键不存在，因为值本身也可能为 nil：

```
h = {'fnord' => nil}
h['fnord'] # => nil
```

空方法默认返回 nil：

```
def empty
  # TODO
end

empty # => nil
```

如果 if 表达式为 false，同时又无 else 分支，此时结果也为 nil：

```
result = if (2 + 2) == 5
  "uh-oh"
end
result # => nil
```

类似的，不带 else 分支的 case 从句，无匹配项时，也返回 nil：

```
type = case :foo
       when String then "string"
       when Integer then "integer"
end
type                                # => nil
```

如果本地变量仅在条件分支中赋值，而该分支又没被触发，变量默认也为 nil：

```
if (2 + 2) == 5
  tip = "follow the white rabbit"
end
tip # => nil
```

当然，未赋值的实例变量默认也总是 nil，这使得拼写错误极难发现。

```
@i_can_has_spelling = true
puts @i_can_haz_speling # => nil
```

许多 Ruby 方法都用 nil 来表示操作失败或“没找到”：

```
[1, 2, 3].detect{|n| n == 5} # => nil
```

我还可以再继续下去。Ruby 代码中可能遇到 nil 的地方数不胜数。而且更糟糕的是，nil 还经常会四处传播。

例如，下面这个 Ruby 的通用写法，带有许多隐式的 nil 检测。假设该方法还是返回了 nil，你能猜出为何返回 nil 吗？

```
require 'yaml'

SECRETS = File.exist?('secrets.yml') &&
YAML.load_file('secrets.yml')

def get_password_for_user(username=ENV['USER'])
  secrets = SECRETS || @secrets
  entry = secrets && secrets.detect{|entry| entry['user'] ==
    username}
  entry && entry['password']
end
```

```
get_password_for_user # => nil
```

想仅通过观察看出哪里导致产生 nil，是不大可能的。导致产生 nil 的原因，有如下几种可能：

- secrets.yml 文件存在，但没有内容。
- ENV['USER']返回 nil。
- @secrets 为 nil。
- @secrets 不为 nil，但却没有当前用户的记录。

只有通过 debug（或四处打印变量），我们才可找出导致产生 nil 的准确原因。

nil 因其普遍存在性，在出现异常时传达的语义极少，甚至根本没有。那么我们如何才能更好地表述异常呢？

3.20.6 带语义的占位符 Symbolic Placeholders

让我们回到#list_widgets 方法，不过这次求助老朋友 Hash#fetch 来为:credentials 提供默认值，代码如下：

```
def list_widgets(options={})
  credentials = options.fetch(:credentials) { :credentials_not_set }
  page_size = options.fetch(:page_size) { 20 }
  page = options.fetch(:page) { 1 }
  if page_size > 20
    user = credentials.fetch(:user)
    password = credentials.fetch(:password)
```

```
    url = "https://#{user}:#{password}" +
    "@www.example.com/widgets?page=#{page}&page_size=#{page_size}"
  else
    url = "http://www.example.com/widgets" +
    "?page=#{page}&page_size=#{page_size}"
  end
  puts "Contacting #{url}..."
end
```

这次，以大于默认 page_size 且不带认证信息为参数调用方法时，我们得到了略微不同的错误信息：

```
list_widgets(page_size: 50)

-:7:in `list_widgets': undefined method `fetch' for
:credentials_not_set:Symbol (NoMethodError)
from -:19:in `<main>'
```

你发现不同了吗？虽然还是 NoMethodError，但这次 NoMethodError 发生在:credentials_not_set 上。这有两个明显的好处：

- 错误信息暗示了我们哪里做错了，看起来是我们未设置认证信息造成的！
- 即使我们还是没能从中发现错误原因，:credentials_not_set 也提供了查找的线索，我们还可轻易地将错误定位到这一行：

```
credentials = options.fetch(:credentials) { :credentials_not_set }
```

一旦定位到这一行，就知道我们需要提供:credentials 才行。

通过提供带语义的占位符，方法便可更清晰地和客户端开发人员沟通交流。并且，我们通过极少的修改，就可以达到这样的效果。

3.20.7 小结 Conclusion

有多种方式可以让必要输入项缺失引发的错误变得清晰起来。如果认证信息缺失是一个普遍存在的问题，且许多用户将使用该库，我们可能会显式地检测，且出错时抛出带语义的异常。有些场景下，我们甚至会使用特例对象（参见第 4.4 节）作为默认值。但是，带语义的占位符是其中最物超所值的一个：仅需一行代码的修改，便可大幅提升后续错误信息的语义质量。

3.21 将参数封装到参数对象中 Bundle arguments into parameter objects

3.21.1 使用场景 Indications

多个方法都接收相同的参数列表。例如，你有多个与二维坐标点（Point）交互的方法，每一个都接收一对 X/Y 坐标作为参数。

3.21.2 摘要 Synopsis

将经常成群结队出现的参数封装到新类中。

3.21.3 基本原理 Rationale

参数对象就像一块“磁铁”，吸附着与这些参数相关的行为。

3.21.4 参数对象回顾 Parameter Object Review

如果你读过有关面向对象编程的著作，那么很有可能听说过一种称为“引入参数对象（Introduce Parameter Object）”的重构手法。下面有一个简单的例子，权作回顾之用。不如还是以熟悉的“二维坐标点画布（2D canvas）”为例，假设有几个不同的类都和地图上的点（Point）打交道。一个点由 X 和 Y 坐标组成，故自然而然地每个与点打交道的方法都接收 X 和 Y 坐标作参数，包括那些画点、画线的方法，代码如下：

```
class Map
  def draw_point(x, y)
    # ...
  end

  def draw_line(x1, y1, x2, y2)
    # ...
  end
end
```

另一些方法用于将点写进数据存储，第一步是将点序列化成 Hash，这样便可很容易地将其转换成 JSON 或 YAML 之类的数据格式。

```
class MapStore
  def write_point(x, y)
    point_hash = {x: x, y: y}
    # ...
  end
  # ...
end
```

显然，X 和 Y 坐标总会成对出现，因而很适合将其封装到类中。这里我们使用 Struct 便轻松地构造了一个类：

```
Point = Struct.new(:x, :y)
```

接着，我们去重写那些方法，让其改用单个 Point 对象，而非一对 X/Y 坐标，代码如下：

```
class Map
  def draw_point(point)
    # ...
  end

  def draw_line(point1, point2)
    # ...
  end
end

class MapStore
  def write_point(point)
    point_hash = {x: point.x, y: point.y}
    # ...
  end
  # ...
end
```

参数对象总能成为“方法磁铁”——一旦提取了参数对象，它就成了那些先前散落在方法各处行为的天然家园。例如，将把 Point 转换成 Hash 的逻辑放入Point类中，就很合适（在Ruby 2.0中，这些功能已经内置到了基于Struct的那些类中）。

```
Point = Struct.new(:x, :y) do
  def to_hash
    {x: x, y: y}
  end
end

class MapStore
  def write_point(point)
    point_hash = point.to_hash
```

```
    # ...
  end
  # ...
end
```

类似的，也可用双分派模式让 Point 去“画它们自己”：

```
Point = Struct.new(:x, :y) do
  # ...
  def draw_on(map)
    # ...
  end
end

class Map
  def draw_point(point)
    point.draw_on(self)
  end

  def draw_line(point1, point2)
    point1.draw_on(self)
    point2.draw_on(self)
    # draw line connecting points...
  end
end
```

重构已经卓有成效，原因如下：精简了参数列表，同时改善了代码可读性；让代码更具语义性，将“点”（Point）这一概念显式地抛了出来；更容易确保 X 和 Y 坐标值的合法性，因为可轻易地在 Point 类的构造方法中加入验证逻辑；为所有与“点”相关的行为提供了“容身之处”，否则这些行为将散落在许多与“点”打交道的方法中。

3.21.5 添加可选参数 Adding Optional Parameters

参数对象是一种很棒的 API 简化工具，但眼下我们主要关注于保持方法内部的优雅。为了展示参数对象如何帮助我们保持方法内部的优雅自信，让我们再次回到前面的例子，不过得加点需求。

随着地图应用开发的深入进行，我们发现需要几个稍加变化的“基本点”：

1. 星标点，用于标注地图上的显著位置。
2. 模糊点，用于标注在这片区域中的某个地方。这类点有一个以米为单位的模糊半径，会根据半径在地图上显示一个彩色的圆圈。

如果我们继续修改最初代码，带 X/Y 坐标参数的 API 就变成下面这样：

```
class Map
  def draw_point(x, y, options={})
    # ...
  end
  def draw_line(x1, y1, options1={}, x2， y2, options2={})
    # ...
  end
end

class MapStore
  def write_point(x, y, options={})
    point_hash = {x: x, y: y}.merge(options)
    # ...
  end
  # ...
end
```

已经明显感到笨拙了。但更糟糕的还在方法内部呢，以 Map#draw_point 为例。

```
def draw_point(x, y, options={})
  if options[:starred]
    # 画星标点...
  else
    # 画普通点
  end
  if options[:fuzzy_radius]
    # 画带圆圈的模糊点
  end
end
```

该方法现在充斥着有关参数 options 的条件检测。

试想一下，如果在 Point 上显式引入“星标点”和“模糊点”的概念，该方法会怎样？既然已经有了 Point 类，很容易便可将“星标点”看成特殊的 Point。

```
class StarredPoint < Point
  def draw_on(map)
      # 画星标，而非点
  end

  def to_hash
    super.merge(starred: true)
  end
end
```

继续沿着这个方向前进，可将“模糊点”看成一个“装饰者”。这里，我们使用来自 Ruby 标准库中的 SimpleDelegator 来构造类，默认情况它会将所有方法调用代理给底层被包装的对象。然后我们重写 draw_on 方法，让其先画一个点，再在点上加一个圆圈。

```
require 'delegate'

class FuzzyPoint < SimpleDelegator
  def initialize(point, fuzzy_radius)
    super(point)
    @fuzzy_radius = fuzzy_radius
  end

  def draw_on(map)
  super
# 画点
    # 在点的周围画圆
  end

  def to_hash
    super.merge(fuzzy_radius: @fuzzy_radius)
  end
end
```

为了画出“模糊点”，可这样实现代码：

```
map = Map.new
p1 = FuzzyPoint.new(StarredPoint.new(23, 32), 100)
map.draw_point(p1)
```

因为画“星标点”和“模糊点”的区别都被封装在了*Point 类中，Map 和

MapStore 相关的代码无须做任何改动。

```
Point = Struct.new(:x, :y) do
  # ...
  def draw_on(map)
    # ...
  end
end

class Map
  def draw_point(point)
    point.draw_on(self)
  end

  def draw_line(point1, point2)
    point1.draw_on(self)
    point2.draw_on(self)
    # 画一系列点，连接成线...
  end
end

class MapStore
  def write_point(point)
    point_hash = point.to_hash
    # ...
  end
  # ...
end
```

3.21.6 小结
Conclusion

通过将对“星标点”和“模糊点”的选择纳入到参数类中，消除了所有检测 Point 参数属性的条件从句。这一切都得归功于最初引入 Point 参数对象。而引入参数对象的初衷源于简化方法签名的愿望，同时也让代码变得更优雅了。

3.22 提取参数构建器 Yield a Parameter Builder Object

3.22.1 使用场景 Indications

将参数封装到参数对象后，客户端开发人员必须同时了解多个不同的类，方能正常使用 API。

3.22.2 摘要 Synopsis

提取参数对象或参数构建器（builder）对象，从而隐藏参数构建过程。

3.22.3 基本原理 Rationale

基于 builder 的 API 接口，可为复杂的参数对象创建友善的接口。与此同时，这一措施还有力地将接口和实现分开了。如此一来，无论在幕后做多大改动，都可依旧维持 API 稳定。

3.22.4 示例：方便的绘点 API Example: a Convenience API for Drawing Points

在“将参数封装到参数对象”这一部分，我们精心设计了绘点 API，新增了 Point 类来充当参数对象，接着引入了一批领域特定的 Point 类以及装饰过的 Point 类进行补充。最后，我们将原来的 API:

```
map = Map.new
map.draw_point(23, 32, starred: true, fuzzy_radius: 100)
```

改成了这样：

```
map = Map.new
p1 = FuzzyPoint.new(StarredPoint.new(23, 32), 100)
map.draw_point(p1)
```

实际上，我们只是将表示可选属性的 hash 参数改成了 Point 对象。

这极大地简化了方法的实现，同时也可避免 hash 参数中的拼写错误（如:fuzy_radius）。

但是，这一改变的代价便是：客户端开发人员必须熟悉整套*Point 系列的类，才能正常使用我们的 API。从某种意义上说，构造一个 point 对象，比直接给#draw_point 传参数麻烦多了。

另外，既然我们已经为Point类加入了一些新属性，point对象也可有对应的 name 属性，它将会显示在坐标附近。point 对象还可能有一个用 20 以内的整数表示的级数，用于决定点的大小和强度。

```
Point = Struct.new(:x, :y, :name, :magnitude) do
  def initialize(x, y, name='', magnitude=5)
    super(x, y, name, magnitude)
  end

  def magnitude=(magnitude)
    raise ArgumentError unless (1..20).include?(magnitude)
    super(magnitude)
  end
```

```
  # ...
end
```

将不同风格的点拆分到不同的类中，对于方法实现有明显的优势。如果还能为客户端开发人员提供更方便的 API，而不再迫使他们了解所有的*Point类，那就更完美了。

我们发现#draw_point 是目前最常用的方法，因此将焦点放在它上面。我们将其拆分成两个方法：#draw_point 和#draw_starred_point。

```
class Map
  def draw_point(point_or_x, y=:y_not_set_in_draw_point)
    point = point_or_x.is_a?(Integer) ? Point.new(point_or_x, y) :
    point_or_x
    point.draw_on(self)
  end

  def draw_starred_point(x, y)
    draw_point(StarredPoint.new(x, y))
  end
  # ...
end
```

如今，#draw_point 即可接收单个 Point 对象作参数，亦可接收一对 X/Y 作参数（其中 y 采用了第 3.20 节提到的技巧：用 symbol 作为对象占位符）。而#draw_starred_point 则仅在#draw_point 外面包了一层，用于构建 StarredPoint 对象。

现在，无论是画普通的点，还是画 starred 点，都无需了解*Point 类。

```
map.draw_point(7, 9)
map.draw_starred_point(18, 27)
```

不过，这对于给点命名、设置大小还是无济于事。我们可用 hash 作为方法的第三个参数，用于收集那些可选属性。但是，我发现了一种更好的技巧：在使用前 yield 参数对象。

下面便是这种方案的实现：

```
class Map
  def draw_point(point_or_x, y=:y_not_set_in_draw_point)
    point = point_or_x.is_a?(Integer) ? Point.new(point_or_x, y) :
    point_or_x
    yield(point) if block_given?
    point.draw_on(self)
  end

  def draw_starred_point(x, y, &point_customization)
    draw_point(StarredPoint.new(x, y), &point_customization)
  end
  # ...
end
```

现在，在 Point 初始化和使用之间又多了一个新步骤：将其暴露给代码块。这样客户端代码便可利用这一步骤来自定义 Point。

```
map.draw_point(7, 9) do |point|
  point.magnitude = 3
end
map.draw_starred_point(18, 27) do |point|
```

```
  point.name = "home base"
end
```

那么，相比使用 hash 表示可选参数，这种方案的优势在哪里？一个优点是方法调用者可以获取到 point 属性的原始值。所以，如果想将点的大小设置为原来的 2 倍，而不是一个固定的值，可这样做：

```
map.draw_point(7, 9) do |point|
  point.magnitude *= 2
end
```

另一个优点便是属性验证。假设客户端开发人员试图将点的大小属性设置为非法值 0。

```
map.draw_point(7, 9) do |point|
  point.magnitude = 0
end
```

你可能还记得 Point 自定义了 magnitude setter 方法：如果传过来的值不在 1 到 20 之间，将抛出 ArgumentError 异常。所以，这行代码将抛出异常，并且异常的堆栈直指试图设置非法 magnitude 的那行代码，而非#draw_point 深处某行处理可选参数 hash 的代码。

3.22.5 Net/HTTP vs. Faraday

Net/HTTP vs. Faraday

如果你想了解该模式的实际应用，请参考 gem 包 Faraday。正如 Rack 是多种 HTTP server 库的包装器一样；Faraday 是多种 HTTP 客户端库的通用包装器。

假设我们需要用 Bearer Token 去请求待认证的 web 服务。若使用 Ruby 自带的 Net::HTTP 库，我们首先得实例化 Net::HTTP::Get 对象，然后更新 HTTP 头部的认证信息，最后提交请求。

```
require 'net/http'

uri = URI('https://example.com')
request = Net::HTTP::Get.new(uri)
request['Authorization'] = 'Bearer ABC123'
response = Net::HTTP.start(uri.hostname, uri.port) do |http|
  http.request(request)
end
```

这就要求我们知道 Net::HTTP::Get 的存在，并且知道它是用于表示 HTTP 的 GET 请求的。

与之对应，下面是 Faraday 版的代码：

```
require 'faraday'

conn = Faraday.new(url: 'https://example.com')
response = conn.get '/' do |req|
  req.headers['Authorization'] = 'Bearer ABC123'
end
```

抛开 API 可读性不说，Faraday 版代码在使用 request 对象前先将其传给了代码块，因此，我们便可将 token 更新到请求头部。现在我们仅需了解一个常量：Faraday module。我们并不关心 Faraday 使用哪个类来实例化请求对象，只知道它有一个可更改的 headers 属性即可。

3.22.6 提取参数 Builder
Yielding a Builder

回到点和地图的需求上来，我们已经处理了magnitude和名字属性，但是模糊半径怎么办呢？

这次事情就复杂多了。目前，我们已经在使用 Point 前更新了其属性，但是尚未将其真正地替换为新对象，因为 FuzzyPoint 是一个包装类，我们不得不将其替换为新对象。

针对这种情况，我们可以在提取参数对象的基础上更进一步——提取builder。下面是一个简单的PointBuilder，它包装了一个 Point 对象，且将大部分消息直接转发给 Point 对象。但是对 fuzzy_radius 的 setter 方法做了一些特殊处理：该方法将内部的Point 对象替换成了 FuzzyPoint 这种 Point 包装对象。

```
require 'delegate'

class PointBuilder < SimpleDelegator
  def initialize(point)
    super(point)
  end

  def fuzzy_radius=(fuzzy_radius)
    # __setobj__便是替换SimpleDelegator中包装对象的方法
    __setobj__(FuzzyPoint.new(point, fuzzy_radius))
  end

  def point
   # __getobj__便是获取SimpleDelegator中包装对象的方法
    __getobj__
```

```
  end
end
```

为了应用该 builder，我们得更新 Map#draw_point 去使用它：

```
class Map
  def draw_point(point_or_x, y = :y_not_set_in_draw_point)
    point = point_or_x.is_a?(Integer) ? Point.new(point_or_x, y) :
    point_or_x
    builder = PointBuilder.new(point)
    yield(builder) if block_given?
    builder.point.draw_on(self)
  end

  def draw_starred_point(x, y, &point_customization)
    draw_point(StarredPoint.new(x, y), &point_customization)
  end
  # ...
end
```

传给该代码块的是一个 PointBuilder 对象，而非普通的 Point 对象。一旦 block 处理完 builder 对象，就使用 builder 返回的 Point 对象来进行实际的绘点工作。

```
map.draw_starred_point(7, 9) do |point|
  point.name = "gold buried here"
  point.magnitude = 15
  point.fuzzy_radius = 50
end
```

该设计还支持扩展。当客户端开发人员想使用我们尚未提供语法糖

(sugar)的参数类型时，如客户端自定义的 Point 的变体，他们总是可以依靠 Point 对象的自我构造将其传给目标方法。并且，他们依然可以利用这些便利方法，如将他们自定义的 Point 对象包装在 FuzzyPoint 中：

```
my_point = MySpecialPoint.new(123, 321)
map.draw_point(my_point) do |point|
  point.fuzzy_radius = 20
end
```

3.22.7 小结 Conclusion

为了 API 的便利性，我们可谓煞费苦心。如果复杂 API 迫使客户端代码混合构建多种不同类型的参数，则极有可能产生其他难用的 API。提取参数 builder 对象，客户端开发人员可以很容易发现拼写错误；还能得到属性的默认值；甚至是将自定义的对象和 builder 接口结合起来使用。

但是，该模式最大的优点还在于它把客户端 API 和程序库内部结构之间的耦合给解除了。我们完全可以重新设计类结构，例如，将 NamedPoint 也提炼到装饰类中，即便如此，客户端代码还是完全意识不到内部的变化。对于在频繁修改内部实现环境下保持 API 的稳定，builder 风格的接口无疑是一种强有力的方式。

该模式也有一定的代价。由于隐藏了构成 API 的底层类和 builder 对象的创建，这使得客户端开发人员不清楚这些方法来自哪里，有哪些可用的 builder 方法，以及如何将其转换为 builder 对象。与编程中的抽象一样，这里我们用牺牲明确性的方式来换取灵活性。不过，该模式是完全有必要的，使用该模式，我们便可为接口提供全面、实时的“文档”了。

第4章 输出处理

Delivering Results

对自己的输出要严格；对他人的输入要宽容。

——伯斯塔尔法则(Postel's Law)

目前为止，我们已经探讨了一系列接收外部输入的策略，见识了许多这方面的技巧：或强制将参数转换为预期形式，或忽略无效输入，或直接拒绝无效输入。所有这些技巧都服务于一个目标：让方法逻辑条理更清晰。

接收输入的另一个目的便是提供输出：要么提供反馈信息，要么向其他对象发送消息。正如我们竭尽全力让方法清晰、优雅一样，我们也应该确保方法输出能让客户端开发人员易于写出优雅的代码。

接下来的章节将着重关注：如何对调用者更加友好，即为调用者提供友好的输出，让他易于写出优雅的代码。

4.1 用全函数作为方法返回值 Write Total Functions

4.1.1 使用场景 Indications

方法返回值个数不定（0 个、1 个、多个）。

4.1.2 摘要 Synopsis

对于所有场景，都以集合（长度可能为 0）的形式返回结果。

4.1.3 基本原理 Rationale

以数组作为方法返回值，客户端调用代码便可不再受特殊情况的干扰。

4.1.4 示例：单词搜索 Example: Searching a List of Words

假设有这样一个方法，用于在指定单词列表中搜索以特定前缀开始的单词。如果找到一个匹配项，则返回该匹配项；如果找到多个匹配项，则返回它们的数组；如果无匹配项，则返回 nil。

```
def find_words(prefix)
  words = File.readlines('/usr/share/dict/words').
  map(&:chomp).reject{|w| w.include?("'") }
  matches = words.select{|w| w =~ /\A#{prefix}/}
  case matches.size
```

```
  when 0 then nil
  when 1 then matches.first
  else matches
  end
end

find_words('gnu')     # => ["gnu", "gnus"]
find_words('ruby')    # => "ruby"
find_words('fnord')   # => nil
```

对于客户端开发人员来说，若要利用该方法返回值进行协作开发，不可谓不痛苦。因为他们不知道返回值到底是 string，还是 nil 或数组。下面这个简易版的包装方法用于以大写形式返回找到的匹配项，那么无论是无匹配项，还是只有一个匹配项，他们都会发现自己的方法完全不工作了：

```
def find_words_and_upcase(prefix)
  find_words(prefix).map(&:upcase)
end

find_words_and_upcase('basselope') # =>

# ~> -:13:in `find_words_and_upcase': undefined method
  `map' for nil:NilClass (NoMethodError)
# ~> from -:16:in `<main>'
```

数学中的全函数（total function）指的是：包容所有可能输入的函数（defined for all possible inputs）。对这里的 Ruby 代码而言，我们将定义一个对于任何输入都不返回 nil 的方法；实际上，对于任何输入，该方法都会以集合的形式返回结果。

全函数因其可预见性用起来非常方便。#find_words 方法很容易转化为全函数，只需移除结尾的条件从句即可，代码如下：

```
def find_words(prefix)
  words = File.readlines('/usr/share/dict/words').
  map(&:chomp).reject{|w| w.include?("'") }
  words.select{|w| w =~ /\A#{prefix}/}
end

find_words('gnu')     # => ["gnu", "gnus"]
find_words('ruby')    # => ["ruby"]
find_words('fnord')   # => []
```

现在，无论输入的是什么，**#find_words_and_upcase** 都能运转如常了：

```
def find_words_and_upcase(prefix)
  find_words(prefix).map(&:upcase)
end

find_words_and_upcase('ruby')        # => ["RUBY"]
find_words_and_upcase('gnu')         # => ["GNU", "GNUS"]
find_words_and_upcase('basselope')   # => []
```

当然，将方法转化为全函数并非总是如此轻松。例如，下面这个 **#find_words** 方法的变体，如果传入的前缀为空，它就用卫语句提前返回了。

```
def find_words(prefix)
  return if prefix.empty?
  words = File.readlines('/usr/share/dict/words').
  map(&:chomp).reject{|w| w.include?("'") }
  words.select{|w| w =~ /\A#{prefix}/}
end
```

```
find_words('')  # => nil
```

这里的经验是：无论方法何时退出，都让其返回数组，这点非常重要。

```
def find_word(prefix)
  return [] if prefix.empty?
  words = File.readlines('/usr/share/dict/words').
  map(&:chomp).reject{|w| w.include?("'") }
  words.select{|w| w =~ /\A#{prefix}/}
end

find_word('')  # => []
```

这儿还有另一个怪异的#find_words 方法变体，如果前缀在“魔法词组”（magic words）中，便直接返回该前缀（不再去单词列表中找了）。

```
def find_words(prefix)
  return [] if prefix.empty?
  magic_words = %w[klaatu barada nikto xyzzy plugh]
  words = File.readlines('/usr/share/dict/words').
  map(&:chomp).reject{|w| w =~ /'/}
  result = magic_words.include?(prefix) ? prefix :
  words.select{|w| w =~ /\A#{prefix}/}
  result
end

find_words('xyzzy') # => “xyzzy"
```

不巧的是，若前缀在匹配魔法词组中，则返回的是单个字符串而非数组。幸好，我们还有一件秘密武器可以将任意值转换为数组。你可能还记得，正是先前的 Array()强制类型转换方法（参见第 3.7 节）。

```
def find_words(prefix)
  return [] if prefix.empty?
  magic_words = %w[klaatu barada nikto xyzzy plugh]
  words = File.readlines('/usr/share/dict/words').
  map(&:chomp).reject{|w| w =~ /'/}
  result = magic_words.include?(prefix) ? prefix :
  words.select{|w| w =~ /\A#{prefix}/}
  Array(result)
end

find_words('xyzzy')   # => ["xyzzy"]
```

应用 Array() 后，便可保证方法总会返回数组。

4.1.5 小结 Conclusion

如果方法一会儿返回数组，一会儿又不返回数组，那么调用者就不得不对返回值做类型检测，这便给他们带来了额外的负担；如果能确保每次返回的结果都是数组，则可以让调用者以一种连贯、优雅的方式使用我们的返回值。

4.2 执行回调而非返回状态
Call Back Instead of Returning

4.2.1 使用场景
Indications

客户端代码会根据 command 方法的结果来决定进一步行动。

4.2.2 摘要
Synopsis

方法的任务完成时，按需执行特定代码块，而非简单地返回状态值。

4.2.3 基本原理
Rationale

方法回调，比简单地返回 true 或 false 有意义多了。

4.2.4 示例
Example

这里我们还是以先前的“将购书记录导入新系统”为例。

导入脚本的关键在于幂等性：对于特定的购买记录，应当且只应当被导入一次。有不计其数的原因可能导致导入任务中途失败，因此，确保任务重新开始后，仅导入那些尚未导入的记录就非常重要了。

重点不仅仅是因为这样可以加快导入、避免信息的重复，更在于导入的记录可能有副作用。

请看以下这个方法：

```
def import_purchase(date, title, user_email)
  user = User.find_by_email(user_email)
  if user.purchased_titles.include?(title)
    false
  else
    user.purchases.create(title: title, purchased_at: date)
    true
  end
end
```

该方法仅在导入成功时返回true，在记录已被导入时返回false。它可能会被这样调用：

```
# ...
if import_purchase(date, title, user_email)
  send_book_invitation_email(user_email, title)
end
# ...
```

如果确实进行了导入操作，则会给用户发一封邮件，邀请他前往新地址去查看书籍。然而，如果记录以前已经被导入过了，我们可不希望用户收到重复的邀请邮件。

#import_purchases 方法并不算是最明了的 API。返回值 false，并不能很好地表明“该条记录已被导入过”，这使得整个#import_purchase 方法的意图都不清晰了。此外，该方法还违反了“命令-查询分离”（command-query separation，CQS）原则。CQS 是一种简化 OO 设计的原则，它建议方法要么是改变对象状态的命令（command）模式，要么是带返回值的查询（query）模式，但却不应该同时兼具二者。

作为替代方案，我们重写了#import_purchase 方法，让它在导入成功时执行指定代码块，而不再返回状态值。并且，我们还应用了第3.23节的技巧，用&操作符为代码块命名，让其职能更加明确。

```
def import_purchase(date, title, user_email, &import_callback)
  user = User.find_by_email(user_email)
  unless user.purchased_titles.include?(title)
    purchase = user.purchases.create(title: title, purchased_at:
    date)
    import_callback.call(user, purchase)
  end
end
```

现在可让客户端代码改用下面这种基于代码块（block）风格的 API 了：

```
# ...
import_purchase(date, title, user_email) do |user, purchase|
  send_book_invitation_email(user.email, purchase.title)
end
# ...
```

注意，此次调整我们还消除了 if 从句。该方案的另一个优点便是：很容易让它支持批量操作。假设我们决定用#import_purchases 接收数组参数来批量导入购书记录，代码如下：

```
# ...
import_purchases(purchase_data) do |user, purchase|
  send_book_invitation_email(user.email, purchase.title)
end
# ...
```

由于批量操作的缘故，代码块会被执行多次（每次导入成功时，都会被执行），但是客户端调用代码几乎不用做任何修改。无论调用多少次，代码块回调都清楚地表明了“导入成功后，便执行该操作”。

4.2.5 小结 Conclusion

遵循“命令-查询职责分离”原则，在操作成功后执行代码块，清楚地将具有副作用的Command操作和查询操作分离开；并且，这种风格的代码比简单返回 true/false 语义性更加明确，同时使得方法可以很容易地转化为批量操作。

4.3 用良性值表示失败
Represent Failure with a Benign Value

> 用无副作用的“良性值”来替换错误值。
>
> —— Steve McConnell，《代码大全》

4.3.1 使用场景
Indications

方法有时会返回无意义的值，如 nil。

4.3.2 摘要
Synopsis

返回不影响调用者正常操作的默认值，如空字符串。

4.3.3 基本原理
Rationale

和 nil 不同，良性值无需特殊检查来避免 NoMethodError 错误。

4.3.4 示例：在侧边栏上显示推文
Example: Rendering Tweets in a Sidebar

假设我们在制作一个公司的主页，其中一个功能便是加载公司 Twitter 账号最新发布的推文（tweets）。

```
def render_sidebar
  html = ""
```

```
  html << "<h4>What we're thinking about...</h4>"
  html << "<div id='tweets'>"
  html << latest_tweets(3) || ""
  html << "</div>"
end
```

留意到#latest_tweets 那里的条件语句了吗？这是因为 Twitter API 有时不稳定，会返回 nil。

```
def latest_tweets(number)
  # …… 拉取tweets，组装THML页面……
rescue Net::HTTPError
  nil
end
```

将 nil 传给 String #<<方法会抛出 TypeError，所以难免需要对#latest_tweets 返回值进行特殊处理。

这里的#latest_tweets，真的需要用 nil 表示错误来迫使调用者对其进行 nil 检测吗？这种情况下，获取 tweets 失败时，返回空字符串可能会更合理些。

```
def latest_tweets(number)
  # ...fetch tweets...
  # ...拉取tweets...
rescue Net::HTTPError
  ""
end
```

现在我们再也无需用“||”进行 nil 检测了：

```
html << latest_tweets(3)
```

如果调用者真的想知道**#latest_tweets** 请求是否成功，检测返回值是否为空字符串即可。

```
tweet_html = latest_tweets(3)
if tweet_html.empty?
  html << '(unavailable)'
else
  html << tweet_html
end
```

4.3.5 小结
Conclusion

nil 是最糟糕的失败表示方式：它不但毫无语义，还经常“坏事”（Ruby 中的 NoMethodError）。nil 还不如异常（exception）来得更有意义，但是并非所有的失败都是异常。当方法的返回值会被再次用到，但又没有有意义的值返回时，一个可工作的语义空对象（如空字符串）或许是最佳选择。

4.4 用特例对象表示失败
Represent Failure with a Special Case Object

4.4.1 使用场景
Indications

查询方法（query method）并不总能如愿以偿。

4.4.2 摘要
Synopsis

返回特例对象（special case object）而非 nil。例如，返回 GuestUser 来表示网站匿名访客。

4.4.3 基本原理
Rationale

与“用良性值表示失败”类似（参见第 4.3 节），特例对象能完美地作为普通对象的“无害”替身，从而避免 nil 检测。

4.4.4 示例：游客用户
Example: A Guest User

我们已经在第 3.17 节中见识了用对象表示特殊场景的例子。当找不到当前用户时，该例中的#current_user 的方法会返回一个 GuestUser 对象。GuestUser 支持许多普通 User 所支持的操作，所以绝大部分使用#current_user 的代码不知道，也不关心其中的区别。

```
def current_user
  if session[:user_id]
    User.find(session[:user_id])
  else
    GuestUser.new(session)
  end
end
```

4.4.5 小结 Conclusion

关于该技巧，前面章节已经介绍了，因此不再赘述。不过站在输出处理的角度来说，我们又多了这样一件法器：它不再迫使客户端开发人员时刻准备进行 nil 检查。

4.5 返回状态对象 Return a Status Object

4.5.1 使用场景 Indications

Command 方法有时需要返回 success/failure 以外的状态。

4.5.2 摘要 Synopsis

用状态对象表示方法结果。

4.5.3 基本原理 Rationale

相对于 success/failure 来说，状态对象能够传达更多语义，且能够按需提供额外信息。

4.5.4 示例：记录导入结果 Example: Reporting the Outcome of an Import

还记得第 4.2 节的#import_purchase 方法吗？

```
def import_purchase(date, title, user_email)
  user = User.find_by_email(user_email)
  if user.purchased_titles.include?(title)
    return false
  else
    purchase = user.purchases.create(title: title, purchased_at:
```

```
    date)
    return true
  end
end
```

该方法有三种可能的结果：

1. 未发现已有记录，且成功导入了新记录。

2. 发现了已有记录，不进行任何操作。

3. 报错，如未能根据邮件找到相关用户。

假设现在要对该方法进行异常捕获，因为要在某条记录导入失败后继续导入其他记录，则需要一种方式来将上面第三种情况表示出来。显然，true 和 false 已不再满足需求了。

其中一种方案便是用 symbol 作为返回值，用以表示不同结果，代码如下：

```
def import_purchase(date, title, user_email)
  user = User.find_by_email(user_email)
  if user.purchased_titles.include?(title)
    :redundant
  else
    purchase = user.purchases.create(title: title, purchased_at:
    date)
    :success
  end
rescue
  :error
end
```

调用代码可能会根据返回的 symbol 进行结果处理：

```
result = import_purchase(date, title, user_email)
case result
when :success
  send_book_invitation_email(user_email, title)
when :redundant
  logger.info "Skipped #{title} for #{user_email}"
when :error
  logger.error "Error importing #{title} for #{user_email}"
end
```

一个相当严重的问题便是：脱离方法，便无从得知具体发生了什么错误。同时，该方案还得要求客户端开发人员自己去探索可能返回的 symbols，并且还得保证在随后的结果处理代码中拼写正确才行。显然，该方案并非最佳。

另一种方案是使用状态对象表示方法结果。下面便是状态类 ImportStatus 的代码：

```
class ImportStatus
  def self.success() new(:success) end
  def self.redundant() new(:redundant) end
  def self.failed(error) new(:failed, error) end
  attr_reader :error

  def initialize(status, error=nil)
    @status = status
    @error = error
  end

  def success?
    @status == :success
```

```
  end

  def redundant?
    @status == :redundant
  end

  def failed?
    @status == :failed
  end
end
```

改用状态对象后的#import_purchase 代码如下：

```
def import_purchase(date, title, user_email)
  user = User.find_by_email(user_email)
  if user.purchased_titles.include?(title)
    ImportStatus.redundant
  else
    purchase = user.purchases.create(title: title, purchased_at:
    date)
    ImportStatus.success
  end
rescue => error
  ImportStatus.failed(error)
end
```

ImportStatus 相当直观地表示了可能的返回结果。下面便是使用该状态对象的客户端代码：

```
result = import_purchase(date, title, user_email)
if result.success?
  send_book_invitation_email(user_email, title)
```

```
elsif result.redundant?
  logger.info "Skipped #{title} for #{user_email}"
else
  logger.error "Error importing #{title} for #{user_email}:
#{result.error}"
end
```

4.5.5 小结 Conclusion

现在我们已改用状态返回对象，也能拿到抛出的异常；同时，再也不会出现返回结果拼写错误。

4.6 将状态对象传给回调 Yield a Status Object

分清方法功能和结果处理逻辑，能避免很多传统编程方式/方法带来的麻烦。

——Bertrand Meyer，《面向对象软件构造》

4.6.1 使用场景 Indications

Command 方法不止 success/failure 两种结果，且不想让它有返回值。

4.6.2 摘要 Synopsis

用带回调函数的状态对象表示方法结果，并将它传给调用者。

4.6.3 基本原理 Rationale

面对特定结果时，要清楚地分离“做什么”、“什么时候做”，甚至“以什么频率来做”。

4.6.4 示例：将导入结果传给回调 Example: Yielding the Outcome of an Import

其实该模式仅是上一个模式（返回状态对象）的延续。在上一个模式中，我们用状态对象来表示三种可能的导入结果：成功（success）、重复

（redundant）、失败（failed）。代码如下：

```
result = import_purchase(date, title, user_email)
if result.success?
  send_book_invitation_email(user_email, title)
elsif result.redundant?
  logger.info "Skipped #{title} for #{user_email}"
else
  logger.error "Error importing #{title} for #{user_email}:
#{result.error}"
end
```

然而，以上代码再次违反了命令-查询职责分离（CQS）原则。该方法本是一个Command方法，但却返回了值。导入状态被封装在它自己的类中，我们如何在无返回值的情况下，知道方法的执行结果到底是哪一种呢？

另外，返回状态值的方式，使得我们不能很容易地将导入方法转到批处理模式。为了处理批量导入结果，我们不得不做类似于这样的事情：将返回结果收集到数组中，然后等方法执行完毕再去循环地处理它们。

有一种方式可以一举解决这些问题。这次我们让状态对象带一个回调函数，而不再是原来的状态断言，代码如下：

```
class ImportStatus
  def self.success() new(:success) end

  def self.redundant() new(:redundant) end

  def self.failed(error) new(:failed, error) end
  attr_reader :error
```

```
  def initialize(status, error=nil)
    @status = status
    @error = error
  end

  def on_success
    yield if @status == :success
  end

  def on_redundant
    yield if @status == :redundant
  end

  def on_failed
    yield(error) if @status == :failed
  end
end
```

现在，不再是返回状态对象 ImportStatus，而是将每种情况对应的状态对象传给回调函数。

```
def import_purchase(date, title, user_email)
  user = User.find_by_email(user_email)
  if user.purchased_titles.include?(title)
    yield ImportStatus.redundant
  else
    purchase = user.purchases.create(title: title, purchased_at:
    date)
    yield ImportStatus.success
  end
rescue => error
```

```
  yield ImportStatus.failed(error)
end
```

客户端代码变成由代码块组成的一系列回调：

```
import_purchase(date, title, user_email) do |result|
  result.on_success do
    send_book_invitation_email(user_email, title)
  end
  result.on_redundant do
    logger.info "Skipped #{title} for #{user_email}"
  end
  result.on_error do |error|
    logger.error "Error importing #{title} for #{user_email}:
#{error}"
  end
end
```

这种“代码块内再嵌套代码块”的写法有点特别。它清楚地表明#import_purchase是一个命令（Command）方法，而非查询（Query）方法，并且任何结果都将继续被传递，而非被返回。

该模式还有另一个优点。假设为了#import_purchase的健壮性，在方法开头处便提前返回，以便处理nil问题（前面所说的卫语句）。

```
def import_purchase(date, title, user_email)
return if date.nil? || title.nil? || user_email.nil?
# …
```

该方法会在输入参数残缺时隐式返回 nil。如此一来，处理方法返回值的客户端代码必须得花额外的精力来进行nil检查，代码如下：

```
result = import_purchase(date, title, email)
if result
  if result.success?
    # ...
  elsif result.redundant?
    # ...
  else
    # ...
  end
end
```

与之对应，若将状态对象传给回调，处理方法结果的代码便无需做任何修改。由于输入缺失时，#import_purchase 提前返回了，所以传递状态对象给回调的代码不会被执行，因而状态回调代码块也不会执行。

```
import_purchase(nil, nil, nil) do |result|
  # 不会执行到这里
  result.on_success do
    send_book_invitation_email(user_email, title)
  end
  # ...
end
```

通过将结果处理权交由#import_purchase 处理，调用代码再也不用担心不返回结果了。注意，尽管如此，该方式也是一把双刃剑：从代码审查角度来讲，该版代码并不那么明显易懂，因为传给#import_purchase 的代码块可能根本就不会执行。

这种模式下，将方法转为批处理模式也非常容易，示例如下：

```
import_purchases(purchase_data) do |result|
  result.on_success do
    send_book_invitation_email(user_email, title)
  end
  result.on_redundant do
    logger.info "Skipped #{title} for #{user_email}"
  end
  result.on_error do |error|
    logger.error "Error importing #{title} for #{user_email}:
#{error}"
  end
end
```

只有调用方法本身发生了变化，代码块和回调依然保持不变，只是现在它们会在每一次处理流程完成后就被执行，而非在整个方法完成后才执行一次。

这种做法的另一个有趣现象是：很容易将代码由同步执行变成异步执行。不过，这超出了本书的话题。

4.6.5 测试状态对象 Testing a Yielded Status Object

如果你对该模式不熟，或许还在担心该如何测试它。有多种方式可以达到这一目的，但有一种方式我经常使用。假设我们有一些无副作用的数据，我们想验证导入方法成功时的回调函数，在 RSpec，我可能会这样写测试代码：

```
describe '#import_purchases' do
  context 'given good data' do
    it 'executes the success callback' do
      called_back = false
      import_purchase(Date.today, "Exceptional Ruby",
      "joe@example.org") do |result|
```

```
        result.on_success do
          called_back = true
        end
      end
      expect(called_back).to be_true
    end
  end
end
```

这里并无什么特别的技巧，只是在#on_success 代码块中更新某变量，然后验证变量的值是否正确地被修改了。

4.6.6 小结

Conclusion

传递状态对象给回调，有助于将函数划分成纯 Command 方法和纯 Query 方法，并且已证实该技巧能简化代码。它让函数自己控制何时执行结果处理逻辑，或根本不执行结果处理逻辑，且能在对客户端代码影响最小的情况下轻易地将函数转为批处理模式。

尽管有这些优点，部分开发人员还是认为该技巧过于冗长，或太怪异。但从本质上说，这都属于个人喜好而已。

4.7 用 throw 提前终止执行
Signal Early Termination with Throw

4.7.1 使用场景
Indications

方法需要告知调用程序“任务已完成，无需再继续执行”。例如，SAX XML parser 类需要告知调用者“已解析出所需数据，无需再继续解析”。

4.7.2 摘要
Synopsis

用 throw 让执行提前结束，并用 catch 去捕获它。

4.7.3 示例：提前终止 HTML 文档解析
Example: Ending HTML Parsing Part Way through a Document

下面的类来自 Discourse 项目（已省略对该例不重要的方法）。该类属于 Nokogiri SAX handler，也就意味着其实例对象会被传给 parser，当遇到不同的 HTML 标签时，parser 便会调用 handler 上的“事件方法”。例如，当 parser 遇到 HTML 标签内的原生字符数据（raw character data）时，便会调用 handler 对象上的#characters 方法，代码如下：

```
class ExcerptParser < Nokogiri::XML::SAX::Document
 class DoneException < StandardError; end

 # ...
 def self.get_excerpt(html, length, options)
```

```
    me = self.new(length,options)
    parser = Nokogiri::HTML::SAX::Parser.new(me)
    begin
      parser.parse(html) unless html.nil?
    rescue DoneException
      # 完成
    end
    me.excerpt
  end

  # ...
  def characters(string, truncate = true, count_it = true, encode =
    true)
    return if @in_quote
    encode = encode ? lambda{|s| ERB::Util.html_escape(s)} : lambda
{|s| s}
    if count_it && @current_length + string.length > @length
      length = [0, @length - @current_length - 1].max
      @excerpt << encode.call(string[0..length]) if truncate
      @excerpt << "&hellip;"
      @excerpt << "</a>" if @in_a
      raise DoneException.new
    end
    @excerpt <<  encode.call(string)
    @current_length += string.length if count_it
  end
end
```

该 handler 对象用于生成外部文档的摘录，也就意味着它一旦收集了足够生成摘录的内容，解析文档的工作就没必要再继续下去。基于性能考虑，一旦满足了摘录大小，就提前终止解析是非常重要的，因为待解析的文档可能非常大。

简单情况下，我们经常用特定值让方法提前返回，即所谓的“标记值”（sentinel value）。例如，当收集到足够多信息后，#characters 方法可能返回:done。

```
if count_it && @current_length + string.length > @length
  # ...
  return :done
end
```

不巧的是，此处这种方式并不可行，因为终止信号要穿梭于发起解析的 ExcerptParser.get_excerpt 方法和欲终止解析的 ExcerptParser#characters 方法之间，且待终止的是 Nokogiri parser 类。然而，Nokogiri parser 对特殊返回值一无所知，故会继续将 HTML 事件传递给 ExcerptParser，直到无输入为止。

为了及时终止解析，我们需要“穿透”到 Nokogiri 解析代码中去，然后告知.get_excerpt 方法。上述代码采用了特殊定义的 DoneException 来达到这一目的。当 ExcerptParser 对象收集到足够多信息时，便抛出 ExcerptParser 异常。

```
if count_it && @current_length + string.length > @length
  # ...
  raise DoneException.new
end
```

调用解析的代码，一开始就得准备好捕获 DoneException：

```
begin
  parser.parse(html) unless html.nil?
```

```
rescue DoneException
  # 完成
end
```

部分语言中，用异常作流程控制只能这样用。但在 Ruby 中，有专门用于正常提前返回的结构 throw/catch。throw 和 catch 的工作方式和异常捕获很类似，但和异常不同的是，它并没有发生了异常的意思。

让我们用 throw 来重写先前的代码，表明信息收集够了：

```
if count_it && @current_length + string.length > @length
  # ...
  throw :done
end
```

throw 接收 symbol 作为待抛出对象。:done 正好可以表示无需再解析了，因而我们选择:done 也就不足为奇了。

重写调用代码，让其“捕获”:done。

```
catch(:done)
  parser.parse(html) unless html.nil?
end
```

如果有:done 抛出，catch 代码块便会“捕获”它，从而阻止它继续向上抛，接着会从 catch 块后面的代码开始执行。

最终版代码如下（因不再需要 DoneException 了，故删除了它的定义）：

```
class ExcerptParser < Nokogiri::XML::SAX::Document
  # ...
```

```
  def self.get_excerpt(html, length, options)
    me = self.new(length,options)
    parser = Nokogiri::HTML::SAX::Parser.new(me)
    catch(:done)
      parser.parse(html) unless html.nil?
    end
    me.excerpt
  end

  # ...
  def characters(string, truncate = true, count_it = true, encode =
    true)
    return if @in_quote
    encode = encode ? lambda{|s| ERB::Util.html_escape(s)} : lambda
{|s| s}
    if count_it && @current_length + string.length > @length
      length = [0, @length - @current_length - 1].max
      @excerpt << encode.call(string[0..length]) if truncate
      @excerpt << "&hellip;"
    @excerpt << "</a>" if @in_a
      throw :done
    end
    @excerpt << encode.call(string)
    @current_length += string.length if count_it
  end
end
```

这究竟是如何提升代码质量的呢，下面来细数一番。

1. 首先，不再像原来那样谎报有异常发生，其实根本就没有。如此看来，更加真实了。
2. 代码量更少了，具体来说，就是不用再定义一次性异常类了。

3. catch 语句少了两行代码，没那么突兀了，顺眼一些。

4. catch（:done）将预期的:done 放在了最上面。与 begin 不同，begin 仅告知读者代码可能出错，然而，直到调用完 parser.parse 后才具体指明抛出的错误是什么（DoneException）。

4.7.4 小结
Conclusion

时不时地，我们可能需要提前的、非错误性的、跨多个调用层次的提前返回。此时，我们可选 throw/catch，而非误用异常。相对于异常，throw/catch 更简单、简洁、用意明确。

有一点需要引起注意：如果你发现自己频繁地使用 throw/catch，或你在为用它而找借口，那么你可能使用过度了。因为其工作机制和异常相同，throw/catch 可能会让没有心理准备的维护人员对提前返回始料未及。并且每个 throw 都必须被包含于 catch 块中，否则便会导致整个程序终止。

就我的经验来看，throw/catch 更多地用于框架源码，而非应用代码。一旦采用 throw/catch，最显著特点便是能以最简洁的方式解决棘手的问题，但却不常用。

第 5 章 失败处理

Handling Failure

我们快接近优雅之旅的尾声了，最后一部分讲如何优雅地处理失败。

本章仅有几个模式。我曾经写了一本关于 Ruby 失败处理的书《Exceptional Ruby》，这里不打算重申那本书中的内容。但是，有一类失败和异常我不能只字不提就结束。

这里要说的是 begin/rescue/end（BRE）代码块。BRE 在 Ruby 代码中是那么格格不入：它总是一件让人分心的事，且非常碍眼。没有什么比中途冒出的 BRE 对代码流畅性的影响更大了。读这样的代码时，仿佛读到中途被人扇了一耳光，后面你大概都记不起前面说的是什么了。

这里有几个模式，用于把可怕的 BRE 从方法主逻辑中移除。

5.1 优先使用顶层异常捕获 Prefer top-level rescue clause

5.1.1 使用场景 Indications

方法包含 begin/rescue/end 代码块。

5.1.2 摘要 Synopsis

改用 Ruby 的顶层异常捕获。

5.1.3 基本原理 Rationale

该技巧清晰地将方法分成两部分：主逻辑（happy path）和失败场景。

5.1.4 示例 Example

下面就是一个包含 begin/rescue/end 代码块的方法：

```
def foo
  # 做某事...
  begin
      # 做更多事...
  rescue
    # 处理异常...
  end
```

```
  # 做更多事...
end
```

Ruby 有另一个用于异常捕获的替代方案，也就是我所说的“顶层异常捕获（top-level rescue clause）”。该方案直接将 rescue 置于方法最顶层，从而不再需要额外地写 begin 和 end 了。如此一来，rescue 便成了某种意义上的“分界线”：rescue 以上属于正常逻辑，rescue 以下则是异常处理。

```
def bar
  # 主逻辑
rescue #————————— 分界线
  # 异常情况
end
```

这种技巧让我得以很好地组织方法。“这部分代码表示程序主逻辑，而这里则是可能发生的异常情况”。且只有你深入细看，才会接触到具体的边界和异常场景。

5.1.5 小结 Conclusion

通常，一看到 BRE（begin/rescue/end 代码块），我就会不由自主地想要将其重构成顶层异常捕获风格；同时，这也意味着该拆分新方法了，我将其视为另一个收获，因为这通常会驱动出更合理的职责划分。

在下一个模式中，我们会根据这些原则进行具体的重构。

5.2 用受检方法封装危险操作 Use Checked Methods for Risky Operations

5.2.1 使用场景 Indications

方法包含一行 begin/rescue/end 的代码块，用于处理来自系统或第三方库中的潜在异常。

5.2.2 摘要 Synopsis

将系统或库的调用封装在一个专门处理异常的方法内。

5.2.3 基本原理 Rationale

封装通用底层异常，可免除异常重复处理，同时还可确保方法均处于同一抽象层次上。

5.2.4 示例 Example

下述方法以 shell 命令和消息作参数，并通过管道将消息传给 shell 命令。其中便有 begin/rescue/end 代码块，因为特定情况下，同 shell 进程交互可能会触发 Errno::EPIPE 异常。

```
def filter_through_pipe(command, message)
  results = nil
```

```
  IO.popen(command, "w+") do |process|
    results = begin
      process.write(message)
      process.close_write
      process.read
    rescue Errno::EPIPE
      message
    end
  end
  results
end
```

将对 popen 的调用封装进受检方法（*checked method*）中，便可将此处的 begin/rescue/end 转化成顶层异常捕获的方式。该受检方法采用了前面提到的“接收策略而非数据”的技巧（参见第 3.23 节），用于决定出现 EPIPE 异常时所采取的行动。

```
def checked_popen(command, mode, error_policy=->{raise})
  IO.popen(command, mode) do |process|
    return yield(process)
  end
rescue Errno::EPIPE
  error_policy.call
end
```

现在来更新#filter_through_to，让其改用受检方法，代码如下：

```
def filter_through_pipe(command, message)
  checked_popen(command, "w+", ->{message}) do |process|
    process.write(message)
    process.close_write
```

```
    process.read
  end
end
```

此处我们传入了一个异常处理策略（error_policy），用于在出现异常时原样返回 message。

5.2.5 演进成 Adapters
Onward to Adapters

就该技巧而言，进一步优化便是将系统或第三方库的调用封装到 Adapter 类中。本书前面的部分探讨过该技巧，当时是用和第三方类共享同一套接口的辅助类实现适配的。用适配器封装系统和库接口调用有诸多好处，至少来说，这使得我们的产品代码和不可控的接口调用解耦了。

不少书籍和文献都对适配器的实现和使用有深入的探讨。可以选择 Alistair Cockburn 的论文《Hexagonal Architecture》作为开始。若要深入了解，我推荐 Steve Freeman 和 Nat Pryce 的《Growing Object-Oriented Software, Guided by Tests》。另外，《企业应用架构模式》也可作为参考。

5.2.6 小结
Conclusion

begin/rescue/end 代码结构干扰了方法叙述的流畅性，它吸引了更多的眼球到边界场景上，而非主要逻辑，纯属喧宾夺主。受检方法封装了异常情况，并将处理异常给集中了。同时，这也是通往适配器道路上的一个重要基石。

5.3 使用护卫方法
Use Bouncer Methods

5.3.1 使用场景
Indications

错误是用 error 状态表示的，而非异常。例如，shell 命令失败后，便会将错误状态赋给变量$?[15]。

5.3.2 摘要
Synopsis

实现一个方法，专门用于 error 状态检测和异常抛出。

5.3.3 基本原理
Rationale

与受检方法类似，护卫方法也可做到通用逻辑的 DRY（Don't repeat yourself），同时将上层逻辑和底层错误检测解耦开来。

5.3.4 示例：子进程状态检测
Example: Checking for Child Process Status

第 4 章介绍了利用管道将消息转给 shell 命令的方法，该方法利用 IO.popen 来执行 shell 命令：

```
def filter_through_pipe(command, message)
  checked_popen(command, "w+", ->{message}) do |process|
```

[15] 译注：Ruby 用变量 $? 来存储最后一个子进程的退出状态，类似的变量还有 $!、$0 等。

```
    process.write(message)
    process.close_write
    process.read
  end
end
```

shell 命令执行结束后，会将 Process::Status 对象中的状态信息赋给$?，包括命令退出的状态信息。它们用整数表示命令执行成功与否：0 表示成功；其他值则表示失败。

为了确保命令执行成功，我们得对进程退出状态进行检测，若状态有错，则抛出异常，这无疑干扰了方法的正常叙述流程。这对方法连贯性而言，其干扰程度和 begin/rescue/end 相差无几。

```
def filter_through_pipe(command, message)
  result = checked_popen(command, "w+", ->{message}) do |process|
    process.write(message)
    process.close_write
    process.read
  end
  unless $?.success?
    raise ArgumentError, "Command exited with status #{$?.exitstatus}"
  end
  result
end
```

是时候引入护卫方法了，其天职便是检测到错误时抛出异常。在 Ruby 中，我们的护卫方法通常是接收包含潜在异常逻辑的代码块。下面的护卫方法便封装了上述子进程状态检测的相关逻辑。

```
def check_child_exit_status
  unless $?.success?
    raise ArgumentError, "Command exited with status #{$?.exitstatus}"
  end
end
```

现在便可在#popen 调用完成后，调用该护卫方法了。如此便可在对方法连贯性影响最小的情况下，确保执行失败的命令会抛出异常。

```
def filter_through_pipe(command, message)
  result = checked_popen(command, "w", ->{message}+) do |process|
    process.write(message)
    process.close_write
    process.read
  end
  check_child_exit_status
  result
end
```

另一个版本便是以代码块形式将主逻辑传给护卫方法，让其在护卫方法的保护之下执行。

```
def check_child_exit_status
  result = yield
  unless $?.success?
    raise ArgumentError, "Command exited with status #{$?.exitstatus}"
  end
  result
end

def filter_through_pipe(command, message)
```

```
  check_child_exit_status do
    checked_popen(command, "w+", ->{message}) do |process|
      process.write(message)
      process.close_write
      process.read
    end
  end
end
```

由于新版护卫方法会返回代码块的返回值，此次调用便无须临时值了。因其位于顶层，故此次退出状态检测会引起读者的高度重视。说实话，我也不知更偏爱哪个。

5.3.5 小结 Conclusion

类似于 begin/rescue/end，异常状态检测也被公认为对方法连贯性具有很严重的干扰性。更糟糕的是，还经常要花精力去识别到底匹配的是哪种异常。并且，异常检测相关代码极易重复，因为任何出现相同错误的地方都得处理一次。

护卫方法可将异常检测对方法连贯性的影响最小化。一旦冠以一目了然的名字，它便可言简意赅地表明到底检测的是哪种错误。同时，护卫方法还利用 DRY 原则将相同的异常检测代码提取到了统一的地方（而非任其四处重复）。

第 6 章

为了优雅重构

Refactoring for Confidence

重构使我高兴！

—— Katrina Owen

理论和刻意设计的例子是一回事，而现实世界中的代码又是另一回事，这里才是我们所学模式技巧的试金石。这部分将着眼于代码的优雅性和流畅性，逐步重构一些开源项目。

注意，重构实际代码时，很难只用一种重构手法解决所有问题，也并非所有修改都会准确无误地匹配前述技巧，不过我们会着重留意那些应用了前面所学的地方。无论如何，所有这一切修改都为了一个目标：更优雅的代码。

6.1 MetricFu
MetricFu

6.1.1 Location
Location

Location 类表示项目源码的物理位置，它有如下三个属性：file_path、class_name、method_name。

类方法 Location.get 用于根据这些属性找出或创建一个位置（location）。

```
module MetricFu
  class Location
    # ...
    def self.get(file_path, class_name, method_name)
      file_path_copy = file_path == nil ? nil : file_path.clone
      class_name_copy = class_name == nil ? nil : class_name.clone
      method_name_copy = method_name == nil ? nil :
      method_name.clone
      key = [file_path_copy, class_name_copy, method_name_copy]
      @@locations ||= {}
      if @@locations.has_key?(key)
        @@locations[key]
      else
        location = self.new(file_path_copy, class_name_copy,
        method_name_copy)
        @@locations[key] = location
        location.freeze
        location
      end
    end
    # ...
```

```
  end
end
```

下面从容易的地方开始着手。该方法以克隆参数开始，不过仅克隆那些非nil的参数，因为nil是不能被克隆的，此处使用了三元运算符来决定是否克隆参数。

事实证明，该代码可使用&&简化，而非原来的三元运算符：

```
file_path_copy = file_path && file_path.clone
class_name_copy = class_name && class_name.clone
method_name_copy = method_name && method_name.clone
```

由于&&常用于 nil 检测，作为优雅的开发人员，我并非&&的铁杆粉丝，但无论如何，简洁的&&总好过难看的三元运算符。

继续往下走，我们发现了下述代码：

```
if @@locations.has_key?(key)
  @@locations[key]
else
  location = self.new(file_path_copy, class_name_copy,
  method_name_copy)
  @@locations[key] = location
  location.freeze
  location
end
```

这是另一个容易的地方：此处的 if 语句恰好与 Hash#fetch 的语意相同(参见第 3.14 节)，故而换成#fetch 即可。

```
@@locations.fetch(key) do
  location = self.new(file_path_copy, class_name_copy,
  method_name_copy)
  @@locations[key] = location
  location.freeze
  location
end
```

现在，让我们再次将目光回到参数克隆上。看起来，此处的参数克隆完全是为了构建新的 Location 对象，随后它们就保持不可变状态。如果这样，在没检查是否已有匹配的 Location 对象存在之前便进行参数克隆并不太合理。

我们还注意到：#fetch 代码块内新 Location 对象刚被创建好，就马上被冻结了（frozen）。看起来，参数克隆和对象冻结是一体的操作，故决定将它们一起合并到新方法 Location:#finalize 中去：

```
def finalize
  @file_path &&= @file_path.clone
  @class_name &&= @class_name.clone
  @method_name &&= @method_name.clone
  freeze
end
```

此处用了不常见的&&=运算符。如果将其展开，便不难理解它的意思：

```
@file_path = (@file_path && @file_path.clone)
```

换句话说，如果@file_path 为非 nil，则将其更新成自身的克隆值；否则，不做任何处理。类似||=用于有选择性地初始化变量，&&=用于有选择性地（非 nil）修改变量。

更新.get 方法，让其调用#finalize 方法，同时移除过早的参数克隆。

```
def self.get(file_path, class_name, method_name)
  key = [file_path, class_name, method_name]
  @@locations ||= {}
  if @@locations.fetch(key) do
    location = self.new(file_path, class_name, method_name)
    location.finalize
    @@locations[key] = location
    location
  end
end
```

在结束Location重构之前，我们再来看一行代码：在构造函数中，有一行将删除了类名的方法名赋值给了@simple_method_name。

```
def initialize(file_path, class_name, method_name)
  @file_path = file_path
  @class_name = class_name
  @method_name = method_name
  @simple_method_name = @method_name.sub(@class_name,'') unless
  @method_name.nil?
  @hash = to_key.hash
end
```

这行代码表明了某种不确定性：@method_name 可能为 nil（其实@class_name 也可能为 nil），若果真如此，则此行将崩溃。正因如此，行尾才跟着一个战战兢兢的 unless。

这里我们采用“良性值替换 nil”（参见第 3.19 节）来提升代码质量。#to_s 便可确保@method_name 和@class_name 总有字符串值存在。

```
def initialize(file_path, class_name, method_name)
  @file_path = file_path
  @class_name = class_name
  @method_name = method_name
  @simple_method_name = @method_name.to_s.sub(@class_name.to_s,'')
  @hash = to_key.hash
end
```

即使变量为 nil，#to_s 也会返回空字符串，如下所示：

```
nil.to_s    # => “"
```

就此处的情况而言，空字符串无副作用，因此我们可利用将 nil 转换为字符串，从而得以消除 unless 语句。

6.1.2 HotspotAnalyzedProblems

HotspotAnalyzedProblems

现在看看 MetricFu 中的另一个类 HotspotAnalyzedProblems。在这里，我们发现了这样一个#location 方法：

```
def location(item, value)
  sub_table = get_sub_table(item, value)
  if(sub_table.length==0)
    raise MetricFu::AnalysisError, "The #{item.to_s}
'#{value.to_s}' "\
"does not have any rows in the analysis table"
  else
    first_row = sub_table[0]
    case item
    when :class
```

```
      MetricFu::Location.get(
      first_row.file_path, first_row.class_name, nil)
    when :method
      MetricFu::Location.get(
      first_row.file_path, first_row.class_name,
first_row.method_name)
    when :file
      MetricFu::Location.get(
      first_row.file_path, nil, nil)
    else
      raise ArgumentError, "Item must be :class, :method, or :file"
    end
  end
end
```

此处，sub_table“无数据”这个边界场景，先声夺人，让方法主逻辑变得黯淡无光。我们发现，顶层 else 分支里的代码才是方法的核心逻辑，然而这一切是不必要的，因为若 if 表达式为 true，则会抛出异常，如此便足以阻止 else 里面的代码执行。

因而我们移除 else 分支，把方法核心逻辑提升至方法最顶层。

```
def location(item, value)
  sub_table = get_sub_table(item, value)
  if(sub_table.length==0)
    raise MetricFu::AnalysisError, "The #{item.to_s}
'#{value.to_s}' "\
"does not have any rows in the analysis table"
  end
  first_row = sub_table[0]
  case item
  when :class
```

```
    MetricFu::Location.get(
    first_row.file_path, first_row.class_name, nil)
  when :method
    MetricFu::Location.get(
    first_row.file_path, first_row.class_name,
    first_row.method_name)
  when :file
    MetricFu::Location.get(
    first_row.file_path, nil, nil)
  else
    raise ArgumentError, "Item must be :class, :method, or :file"
  end
end
```

这样的修改，有效地将 if 语句（sub_table.length==0）转化成了先决条件（参见第 3.12 节）。不过，该先决条件突兀地出现在方法最显眼的开始位置，依然很容易让人分心。诚然，我们希望告诉读者：若数据缺失，方法将提前返回，但却不希望说得那么气势汹汹。故此，决定将此先决条件提取到它自己的方法中，为其取名为#assert_sub_table_has_data。

```
def location(item, value)
  sub_table = get_sub_table(item, value)
  assert_sub_table_has_data(item, sub_table, value)
  first_row = sub_table[0]
  case item
  when :class
    MetricFu::Location.get(
    first_row.file_path, first_row.class_name, nil)
  when :method
    MetricFu::Location.get(
    first_row.file_path, first_row.class_name,
```

```
    first_row.method_name)
  when :file
    MetricFu::Location.get(
    first_row.file_path, nil, nil)
  else
    raise ArgumentError, "Item must be :class, :method, or :file"
  end
end

def assert_sub_table_has_data(item, sub_table, value)
  if (sub_table.length==0)
    raise MetricFu::AnalysisError, "The #{item.to_s}
'#{value.to_s}' "\
"does not have any rows in the analysis table"
  end
end
```

现在读起来感觉好多了。边界条件虽然会引起注意，但没那么大张旗鼓了。并且，一旦通过边界检测，自然就来到了方法的主逻辑。

6.1.3 排名 Ranking

接下来，我们留意到了一个带有#top 方法 Ranking 的类。该方法接收整数 N 作参数，然后返回 Ranking 中的前 N 条记录；若无参数提供，则返回所有记录。

```
class Ranking
  # ...
  def top(num=nil)
    if(num.is_a?(Numeric))
```

```
      sorted_items[0,num]
    else
      sorted_items
    end
  end
  # ...
end
```

这里没使用鸭子类型，该方法对 num 进行了针对 Numeric 显式类型检测。以上代码可以通过将 num 默认值设为 sorted_items 大小来简化：

```
def top(num=sorted_items.size)
  sorted_items[0, num]
end
```

此次修改表明：参数默认值可以是复杂表达式；也可以是任何可用值（如实例变量、方法）。

对此重构，我们自我感觉良好，直到闲逛时发现代码中多处调用会显式地传入 nil，这会覆盖我们精心设计的默认值。当然，我们可以逐一修改这些调用，不过看起来这是一项无穷无尽的苦差事。与之相反，我们对重构方案进行了妥协：num 参数默认值设为 nil，然后添加一行代码将所有 nil 值（无论是显式传入的还是隐式传入的）替换为 sorted_items.size：

```
def top(num=nil)
  num ||= sorted_items.size
  sorted_items[0, num]
end
```

6.2 Stringer
Stringer

Stringer 是一个由 Matt Swanson 创建的基于 web 的 RSS 阅读器。为了便于向阅读列表添加订阅，该应用能基于给定 URL 自动进行简单 RSS 订阅识别，这部分功能的代码位于 FeedDiscovery 类中。

```
class FeedDiscovery
  def discover(url, finder = Feedbag, parser = Feedzirra::Feed)
    begin
      feed = parser.fetch_and_parse(url)
      feed.feed_url ||= url
      return feed
    rescue Exception => e
      urls = finder.find(url)
      return false if urls.empty?
    end
    begin
      feed = parser.fetch_and_parse(urls.first)
      feed.feed_url ||= urls.first
      return feed
    rescue Exception => e
      return false
    end
  end
end
```

#discover 的逻辑如下。

1. 通过试解析，检验给定的 URL 是否为合法的 RSS 订阅；若是，则返回该订阅。

2. 若不是，则利用 feed finder 根据给定 URL 去查找相关 RSS URLs。

3. 若探测到关联 URLs，检测第一个是否为合法的订阅，若是，则返回该订阅。

4. 若任一点因失败而不能继续往下进行，则返回 false。

乍看之下，此处最明显的特征便是模式重复：尝试获取和解析订阅，捕获任何可能发生的异常，若有异常发生，则执行补救措施。

我们还注意到：直接捕获 Exception（而非具体的异常），该代码极易隐藏错误，如拼写错误，同时还会掩盖 NoMethodError。暂且将其记入 TODO List，以便日后重构。

只要代码中有模式重复，则意味着该提取方法了。这里我们决定提取这样一个方法，它接收代码块作为解析订阅失败策略。

```
def get_feed_for_url(url, parser)
  parser.fetch_and_parse(url)
  feed.feed_url ||= url
  feed
rescue Exception
  yield if block_given?
end
```

在 fetch-and-parse 成功时，该方法返回预期的结果；失败时，则执行代码块（若提供了的话）。

现在便可将原来的 discovery 方法改用嵌套#get_feed_for_url，其中第一层还是使用原来的 URL。

```
def discover(url, finder = Feedbag, parser = Feedzirra::Feed)
  get_feed_for_url(url, parser) do
```

```
    urls = finder.find(url)
    return false if urls.empty?
    get_feed_for_url(urls.first, parser) do
      return false
    end
  end
end
```

现在代码还是有问题，例如方法中间的返回就被视为代码坏味道（code smell），但至少此次重构消除了令人厌恶且重复的 begin/rescue/end，故认为此次重构还算成功。

后记

Parting Words

“从开始的地方开始吧，一直读到末尾，然后停止。”国王郑重地说。

——《爱丽丝梦游仙境》

没人一开始就会写出含混不清、逻辑不通的代码，这一切都是许多小的决定造成的——那些我们为了通过测试、交付功能而仓促做出的决定。通常，我们做出这样的决定是因为眼下没有明显的替代方案可选。随着时间的推移，这些不确定性就会掩盖代码原本的意图。阅读这样的代码，哪怕是一周前写的，也像在浓密的灌木丛中蹒跚前行一样。

本书为你列出了一些别的选择。我希望其中的一些技巧能够引起你的共鸣，并且能成为你工具箱里一件趁手的工具。当碰到 nil 检测、对象类型检测、使人分心的异常处理时，希望你能想起这里所学的技巧，然后写出清晰、顺畅、一目了然的代码。

最后，我希望本书能增添你编写 Ruby 程序的乐趣。Happy hacking!